Carl Neumann

Die mathematischen Gesetze

der inducirten elektrischen Ströme, 1845

Carl Neumann

Die mathematischen Gesetze
der inducirten elektrischen Ströme, 1845

ISBN/EAN: 9783743408906

Hergestellt in Europa, USA, Kanada, Australien, Japan

Cover: Foto ©berggeist007 / pixelio.de

Manufactured and distributed by brebook publishing software (www.brebook.com)

Carl Neumann

Die mathematischen Gesetze

Ankündigung.

Der grossartige Aufschwung, welchen die Naturwissenschaften in unserer Zeit erfahren haben, ist, wie allgemein anerkannt wird, nicht zum kleinsten Masse durch die Ausbildung und Verbreitung der Unterrichtsmittel, der Experimentalvorlesungen, Laboratorien u. s. w. bedingt. Während aber durch die vorhandenen Einrichtungen zwar die Kenntniss des gegenwärtigen Inhaltes der Wissenschaft auf das erfolgreichste vermittelt wird, haben hochstehende und weitblickende Männer wiederholt auf einen Mangel hinweisen müssen, welcher der gegenwärtigen wissenschaftlichen Ausbildung jüngerer Kräfte nur zu oft anhaftet. **Es ist dies das Fehlen des historischen Sinnes und der Mangel an Kenntniss jener grossen Arbeiten, auf welchen das Gebäude der Wissenschaft ruht.**

Diesem Mangel soll durch die Herausgabe der **Klassiker der exakten Wissenschaften** abgeholfen werden. In handlicher Form und zu billigem Preise sollen die grundlegenden Abhandlungen der gesammten exakten Wissenschaften den Kreisen der Lehrenden und Lernenden zugänglich gemacht werden. Der Herausgeber hofft dadurch ein **Unterrichtsmittel** zu schaffen, welches das Eindringen in die Wissenschaft gleichzeitig belebt und vertieft. Dasselbe ist aber auch ein **Forschungsmittel** von grosser Bedeutung. Denn in jenen grundlegenden Schriften ruhten nicht nur die Keime, welche inzwischen sich entwickelt und Früchte getragen haben, sondern es ruhen in ihnen noch zahllose andere Keime, die noch der Entwicklung harren, und dem in der Wissenschaft Arbeitenden und Forschenden bilden jene Schriften eine unerschöpfliche Fundgrube von Anregungen und fördernden Gedanken.

Die Klassiker der exakten Wissenschaften sollen ihrem Namen gemäss die rationellen Naturwissenschaften, von der Mathematik bis zur Physiologie umfassen und werden Abhandlungen aus den Gebieten der **Mathematik, Astronomie, Physik, Chemie** (einschliesslich **Krystallkunde**) und **Physiologie** enthalten.

Die allgemeine Redaktion führt **Dr. W. Ostwald**, o. Professor an der Universität Leipzig; die einzelnen Ausgaben werden durch hervorragende Vertreter der betreffenden Wissenschaften besorgt werden. Für die Leitung der einzelnen Abtheilungen sind gewonnen worden: für Astronomie Prof. Dr. **Bruns** (Leipzig), für Mathematik Prof. Dr. **Wangerin** (Halle), für Krystallkunde Prof. Dr. **Groth** (München), für Pflanzenphysiologie Prof. Dr. **W. Pfeffer** (Leipzig), für Physik Prof. Dr. **Arth. von Oettingen** (Dorpat).

Fortsetzung auf der dritten Seite des Umschlages.

Die mathematischen Gesetze

der

INDUCIRTEN ELEKTRISCHEN STRÖME

von

FRANZ NEUMANN.
(1845.)

Herausgegeben

von

C. Neumann.

LEIPZIG

VERLAG VON WILHELM ENGELMANN

1889.

Die mathematischen Gesetze der inducirten elektrischen Ströme

von
F. Neumann.

Aus den »Abhandl. der Berliner Akademie aus dem Jahre 1845«. Vorgelesen daselbst am 27. October 1845.

Wenn[*]) die magnetische oder elektrodynamische Resultante, auf ein Element eines Leiters bezogen, eine Veränderung ihres Werthes erleidet, so wird in diesem Element eine elektromotorische Kraft erregt, die, wenn ihr ein in sich geschlossener leitender Weg dargeboten wird, einen elektrischen Strom hervorbringt, welcher der Inductionsstrom genannt wird. Die folgenden Untersuchungen über diesen Strom setzen voraus, dass die inducirende Ursache, d. i. die Veränderung der magnetischen oder elektrodynamischen Resultante, mit einer Geschwindigkeit eintrete, welche als klein in Beziehung auf die Fortpflanzungsgeschwindigkeit der Elektricität angesehen werden kann. Ohne diese Voraussetzung kann man nicht die inducirten elektrischen Ströme als im stationären Zustand befindlich ansehen und die *Ohm*'schen Gesetze darauf anwenden. Ausgeschlossen von den hier folgenden Betrachtungen sind also z. B. die durch elektrische Entladungen inducirten Ströme.

Das inducirte Element gehört entweder einem Drahte oder einem dünnen Bleche oder einem Leiter an, in dessen Form kein solcher Unterschied der Dimensionen stattfindet. Den ersten Fall nenne ich die lineare Induction; diese ist der Gegenstand der vorliegenden Abhandlung. Die Untersuchung der linearen Induction ist die einfachste, weil hier die in dem Element inducirte Elektricität sich auf einem gegebenen Wege fortpflanzt,

---

[*]) An diese Einleitung schliesst sich auf Seite 4—15 eine vorläufige Uebersicht über die einzelnen Paragraphe der Abhandlung. Und erst auf Seite 15 beginnt der eigentliche Text der Abhandlung.

während in den beiden andern Fällen, wo das Element einer Fläche oder einem Körper angehört, die Wege, auf welchen die Fortpflanzung der erregten Elektricität geschieht, erst bestimmt werden müssen. Die Principien [2] der linearen Induction gestatten aber eine Ausdehnung auf diese complicirteren Fälle, welche der Gegenstand einer zweiten Abhandlung sein soll, in der die Theorie des Rotations-Magnetismus entwickelt werden wird. Die vorliegende Abhandlung hat auch diejenigen Inductionen, welche durch Formveränderungen des inducirenden Stroms oder inducirten Leiters erregt werden, so wie die Rückwirkungen der inducirten Ströme auf die Inducenten nicht in den Kreis ihrer Untersuchungen gezogen, aber sie enthält die Principien dafür. Folgende Resultate bilden ihren hauptsächlichen Inhalt.

§ 1. Aus dem *Lenz*'schen Satze: dass die Wirkung, welche der inducirende Strom oder Magnet auf den inducirten Leiter ausübt, wenn die Induction durch eine Bewegung des letzteren hervorgebracht ist, immer einen hemmenden Einfluss auf diese Bewegung ausübt, — in Verbindung mit dem Satze: dass die Stärke der momentanen Induction proportional der Geschwindigkeit dieser Bewegung ist, wird das allgemeine Gesetz der linearen Induction abgeleitet:

$$E.Ds = -\varepsilon v C.Ds.$$

In dieser Formel ist Ds ein Element des inducirten Drahtes und $E.Ds$ die in dem Element Ds inducirte elektromotorische Kraft; v ist die Geschwindigkeit, mit welcher Ds bewegt wird, C die nach der Richtung, in welcher Ds bewegt wird, zerlegte Wirkung des Inducenten auf Ds, dieses Element von der Einheit des Stroms durchströmt gedacht. Die Grösse ε ist unabhängig von der Beschaffenheit des inducirten Leiters und kann bei der linearen Induction als eine Constante angesehen werden, ist aber eine solche Function der Zeit, die sehr rasch abnimmt, wenn ihr Argument einen merklichen Werth erhält, und muss auch als solche bei der Flächen-Induction und der Induction in Körpern behandelt werden.

§ 2. Wenn in dem Element Ds eines leitenden Bogens s die elektromotorische Kraft $E.Ds$ erregt wird, und E nicht allein eine Function des Ortes von Ds in s ist, sondern auch eine Function der Zeit, so gilt doch unter der Voraussetzung, dass die Veränderungen, welche E mit der Zeit erfährt, nicht mit einer so grossen Geschwindigkeit eintreten, die einen merklichen Werth in Beziehung auf die Fortpflanzungsgeschwindigkeit der Elektricität hat, der *Ohm*'sche Satz: dass der erregte Strom gleich ist der Summe der elektromotorischen Kräfte des ganzen Bogens s, dividirt durch den Widerstand des Weges.

[3] § 3. Die Stärke des in einem linearen Leiter s, welcher sich unter dem Einfluss eines elektrischen Stroms oder eines Magneten bewegt, inducirten Stromes ist

$$- \varepsilon \varepsilon' \mathbf{S}. v C D s,$$

wo ε' den reciproken Werth des Widerstandes des Weges bedeutet, welchen der Strom zu durchlaufen hat, und S eine Integration bezeichnet, welche sich über alle bewegten Theile des Leiters erstreckt. Der vorstehende Ausdruck mit dem Element der Zeit dt multiplicirt giebt den **inducirten Differentialstrom**, dessen Maass die **Wirkung** ist, welche der inducirte Strom während des Elements der Zeit, z. B. auf eine Magnetnadel, ausübt; die Summe der Wirkungen, welche er in einer endlichen Zeit ausübt, ist das Maass des **inducirten Integralstroms**. Der Werth des Integralstroms hängt allein von der Länge und Lage des Weges ab, welchen der Leiter durchlaufen hat, und ist unabhängig von der Geschwindigkeit, mit welcher er durchlaufen wurde.

Die elektromotorische Kraft des Differentialstroms ist das **negative virtuelle Moment** der Kraft, welche der Inducent auf den Leiter ausübt, wenn dieser von dem constanten Strom ε durchströmt gedacht wird.

Die elektromotorische Kraft des Integralstroms, welcher auf dem Wege von w_0 bis w_1 erregt wird, ist der **Verlust an lebendiger Kraft**, welchen der Inducent in dem Leiter hervorbringen würde, wenn dieser sich von w_0 bis w_1 frei bewegte und von dem Strome ε durchströmt gedacht wird.

Der wirkliche Verlust an lebendiger Kraft, welchen ein linearer Leiter, der dem Inductionsstrom einen geschlossenen Weg darbietet, in dem Zeitraum von t_0 bis t_1 erleidet, wenn er sich frei, z. B. in Folge seiner Trägheit, unter dem Einfluss eines Inducenten bewegt, ist

$$2 \varepsilon \varepsilon' \int_{t_0}^{t_1} dt\, (\mathbf{S}. v C D s)^2.$$

Wenn die Componenten der Wirkung des Inducenten auf ein Element des bewegten Leiters, welches von dem Strome ε durchströmt gedacht wird, partielle Differentialquotienten derselben Function sind, und man **die Gleichgewichts-Oberflächen** construirt, für deren jede diese Function einen constanten Werth hat, welcher der Druck an dieser Oberfläche heisst: so ist die elektromotorische Kraft des Integralstroms, welcher in dem Leiter, wenn er sich parallel mit sich selbst von w_0 bis w_1 bewegt hat, inducirt ist, gleich [4] der Differenz des Drucks an den beiden durch w_0 und w_1 gehenden Gleichgewichts-Oberflächen. — Der Integralstrom ist also unter den angegebenen Bedingungen unabhängig von der Länge und Lage des Weges, auf welchem er inducirt wird, und hängt allein von dem Orte der Endpunkte desselben ab. — Dieser Satz wird in der Folge noch erweitert.

§ 4. Wenn ein Leiter A sich in Beziehung auf einen Leiter B bewegt, so wird diejenige Bewegung, welche B erhält, wenn beiden Leitern eine solche gemeinschaftliche Bewegung ertheilt wird, dass A an seinem Orte verharrt, die der Bewegung von A **entgegengesetzte Bewegung** genannt.

Wenn zwei geschlossene Leiter gegeben sind, so wird dieselbe elektromotorische Kraft inducirt, in welchen von beiden auch der inducirende Strom fliesst, und welcher von beiden bewegt wird, nur muss die Bewegung des einen der Bewegung des andern entgegengesetzt sein.

Dieser Satz kann auch auf ungeschlossene Leiter ausgedehnt werden, wenn nur die Anordnung getroffen ist, dass derselbe Leiter, mag er ruhen oder bewegt werden, der Induction dieselbe Länge darbietet.

§ 5. Die Bewegung eines Leiters in Beziehung auf einen Pol (Solenoid- oder Magnet-Pol) kann als zusammengesetzt angesehen werden aus der allen seinen Elementen gemeinschaftlichen progressiven Bewegung, welche auch der Pol haben würde, wenn er mit dem Leiter fest verbunden mit ihm zugleich bewegt würde, und aus einer um den auf die bezeichnete Weise bewegten Pol stattfindenden Drehung. Jene soll schlechtweg die **progressive Bewegung** des Leiters, diese die **drehende Bewegung** heissen.

Der Differentialstrom der progressiven Bewegung ist

$$- \varepsilon \varepsilon' \varkappa' \Gamma dw \ .$$

In dieser Formel ist statt der Bewegung des Leiters die entgegengesetzte des Pols substituirt gedacht; $\varkappa'$ bezeichnet den freien Magnetismus des Pols, dw das Element seines Weges, und

Γ die nach der Richtung von dw zerlegte Wirkung, welche der Leiter, durchströmt von der Einheit des Stroms, auf die Einheit des freien Magnetismus im Pole ausübt.

Der Differentialstrom der drehenden Bewegung ist

$$-\varepsilon\varepsilon'\varkappa'\{\cos(a, e'') - \cos(a, e')\}\,d\psi\;,$$

wo $d\psi$ das Element des Drehungswinkels bedeutet, und (a, e'') und (a, e') [5] die Winkel bezeichnen, welche die Drehungsaxe mit den vom Pole nach den Endpunkten des Leiters gezogenen Linien bildet. Dieser Strom ist also unabhängig von der Form des Leiters und hängt allein von der Bewegung seiner Endpunkte ab; er ist immer gleich Null, wenn der Leiter eine geschlossene Curve bildet.

In einem geschlossenen Leiter, der sich um eine Axe dreht, in welcher ein oder mehrere Pole liegen, wird durch diese kein Strom inducirt.

§ 6. Die Induction, welche in einem ruhenden Leiter durch die Bewegung eines Solenoids erregt wird, ist allein von der Bewegung der Pole des Solenoids abhängig.

Der durch die Bewegung eines Poles in einem ruhenden Leiter inducirte Strom besteht aus zwei Theilen; der eine rührt von der progressiven Bewegung des Pols her, der andere von seiner drehenden Bewegung um sich selbst. Der Differentialstrom des ersten Theils ist

$$-\varepsilon\varepsilon'\varkappa'\Gamma\,dw$$

und der des zweiten Theils:

$$-\varepsilon\varepsilon'\varkappa'\{\cos(a, e'') - \cos(a, e')\}\,d\psi\;.$$

In einem geschlossenen ruhenden Leiter wird durch die Drehung des Pols kein Strom inducirt.

In einem nicht geschlossenen Leiter inducirt der Pol, ohne seinen Ort zu verändern, allein durch seine Drehung um sich selbst einen Strom. Dieser Satz enthält die Theorie der sogenannten **unipolaren Induction**.

§ 7. Ein Magnet wird definirt als ein System von unendlich vielen unendlich kleinen Solenoiden (magnetischen Atomen). Der in einem bewegten Leiter durch einen Magneten inducirte Strom ist die Summe der Elementar-Ströme, welche durch seine Solenoide inducirt werden. Dieses System von Solenoiden kann durch ein System von Polen ersetzt werden, die allein auf der Oberfläche des Magneten vertheilt sind, d. i., die durch den

Magneten in dem bewegten Leiter erregte Induction kann als durch seine mit freiem Magnetismus belegte Oberfläche hervorgebracht angesehen werden. Diese magnetische Oberfläche ist dieselbe, welche nach dem *Gauss*'schen Satz auf einen äusseren Pol gleiche Wirkung wie der im Innern des Magneten vertheilte Magnetismus ausübt.

[6] Man kann statt der Bewegung des Leiters die entgegengesetzte der magnetischen Oberfläche substituiren und umgekehrt. Wenn aber die magnetische Oberfläche bewegt gedacht wird oder wirklich sich bewegt, so hängt der inducirte Strom nicht allein von der Ortsveränderung ab, welche ihre Elemente erfahren, sondern auch von ihren dabei stattfindenden Drehungen. Der Theil des Inductionsstroms, welcher von der Drehung der Elemente der magnetischen Oberfläche herrührt, ist von der Gestalt des inducirten Leiters unabhängig; er hängt allein von der Lage der Endpunkte ab und verschwindet, wenn der Leiter eine geschlossene Curve bildet. —

Wenn das Element $D\omega$ der für den Magneten substituirten magnetischen Oberfläche den freien Magnetismus $\varkappa.D\omega$ enthält, so ist der Differentialstrom, welcher durch die progressive Bewegung der Elemente inducirt wird

$$- \varepsilon\varepsilon' \Sigma . \varkappa \Gamma D\omega \, dw ,$$

wo dw das Element des Weges bezeichnet, welches $D\omega$ durchläuft, und Γ die nach dw zerlegte Wirkung des von der Einheit des Stroms durchströmten Leiters auf die Einheit des freien Magnetismus in $D\omega$. Die Integration Σ bezieht sich auf die ganze Oberfläche ω des Magneten. — Der Differentialstrom, welcher durch die Drehung der Elemente inducirt wird, ist

$$- \varepsilon\varepsilon' \Sigma . \varkappa \{\cos(a,e'') - \cos(a,e')\} D\omega \, d\psi ,$$

wo (a,e'') und (a,e') die Winkel bezeichnen, welche die Linien, die von dem Elemente $D\omega$ nach den beiden Enden des Leiters gezogen sind, mit der Drehungsaxe bilden; $d\psi$ ist das Element des Drehungswinkels.

§ 8. Nach den der Theorie des Magnetismus zu Grunde liegenden Vorstellungen besteht der Act der Magnetisirung oder Entmagnetisirung in einer Trennung oder Vereinigung der magnetischen Flüssigkeiten innerhalb eines jeden Atoms des Magneten. Der Strom, welcher durch eine solche Bewegung der freien magnetischen Flüssigkeiten in einem geschlossenen Leiter inducirt wird, ist

$$- \varepsilon\varepsilon' \Sigma . (\varkappa'' - \varkappa') V D\omega ,$$

wo $\varkappa'. D\omega$ und $\varkappa''. D\omega$ den freien Magnetismus in dem Element $D\omega$ der Oberfläche des Magneten vor und nach der Veränderung seines magnetischen Zustandes bezeichnen, und $V. D\omega$ das Potential des von der Einheit des Stroms durchströmt gedachten Leiters in Bezug auf das mit der Einheit des [7] Magnetismus erfüllte Element $D\omega$ ist. Die Integration Σ bezieht sich auf die ganze Oberfläche des Magneten.

§ 9. Die Summe der elektromotorischen Kräfte, welche während der Bewegung in einem geschlossenen Leiter durch einen Magneten inducirt werden, ist gleich der Differenz der Werthe, welche das Potential des von dem Strome ε durchströmt gedachten Leiters, bezogen auf den ganzen Magneten (oder das Potential des Magneten bezogen auf den ganzen Leiter) im Anfang und am Ende der Bewegung annimmt. — Der Umstand, dass Richtung und Geschwindigkeit der Bewegung und der durchlaufene Weg selbst in Beziehung auf die Summe der erregten elektromotorischen Kräfte gleichgültig sind, dass diese allein von der Veränderung abhängt, welche das Potential des Magneten in Beziehung auf den Leiter erfährt, führt zu der Folgerung, dass jede Ursache, welche den Werth dieses Potentials verändert, einen Strom inducirt, der zum Maass hat: die hervorgebrachte Veränderung des Potentials dividirt durch den Widerstand seines Weges. Eine solche Ursache ist z. B. die Schwächung und Verstärkung des magnetischen Zustandes des Magneten. Dieser Satz giebt für den durch Magnetisirung oder Entmagnetisirung erregten Inductions-Strom denselben Ausdruck, der im vorigen § aufgestellt ist.

§ 10. Die in einem geschlossenen Leiter durch einen geschlossenen elektrischen Strom in Folge der Bewegung des Leiters oder des Stroms inducirte elektromotorische Kraft ist gleich der Veränderung des Werthes, welche durch diese Bewegung das in Beziehung auf den inducirenden Strom stattfindende Potential des von dem Strome ε durchströmt gedachten Leiters erfährt (oder das Potential dieses Stroms in Beziehung auf den Leiter). Der Ausdruck des inducirten Stroms ist

$$-\tfrac{1}{2}\varepsilon\varepsilon' j \, S\Sigma . \frac{d^2}{dn\,d\nu}\left\{\frac{1}{r''} - \frac{1}{r'}\right\} Do\,D\omega ,$$

wo j die Stromstärke des inducirenden Stroms ist. Die Bedeutung der übrigen Zeichen ist folgende. Man denke sich durch die Curve des Leiters eine beliebige durch sie begrenzte Oberfläche o gelegt, und eine zweite ω durch die Curve des Inducenten und durch diese begrenzt. Do und $D\omega$ sind Elemente dieser zwei Oberflächen und r' und r'' ihre Entfernungen vor und nach der Bewegung. Das nach n und ν genommene zweite Differential wird so verstanden, dass man zuerst den einen Endpunkt von r in der Normale an Do [8] um dn verrückt, und das hierdurch erhaltene Differential zum zweiten Male differentiirt, indem man den andern Endpunkt von r in der Normale an $D\omega$ um $d\nu$ fortrücken lässt. Die Integrationen S und Σ beziehen sich auf die Oberflächen o und ω.

Aus der Unabhängigkeit der inducirten elektromotorischen Kraft von der Bewegung an sich wird gefolgert, dass jede Ursache, welche eine Veränderung im Werthe des in Beziehung auf einen geschlossenen Leiter stattfindenden Potentials eines geschlossenen Stroms hervorbringt, einen Strom inducirt, dessen elektromotorische Kraft durch die Veränderung, welche das Potential erlitten hat, ausgedrückt ist. Ein ruhender elektrischer Strom inducirt demnach, wenn seine Intensität von j' bis j''' wächst, in einem ruhenden geschlossenen Leiter einen Strom, dessen Ausdruck ist:

$$- \tfrac{1}{2} \varepsilon \varepsilon' (j''' - j'') \, S\, \Sigma \cdot \frac{d^2 \frac{1}{r}}{dn\, d\nu} \, Do\, D\omega \; .$$

§ 11. Die inducirte elektromotorische Kraft hängt von einer dreifachen Integration ab, nämlich von den zwei Integrationen in Bezug auf die Curven des inducirenden Stroms und des inducirten Leiters und von einer dritten in Beziehung auf die Bahn, auf welcher die Elemente des Stroms oder des Leiters bewegt werden. Diese dreifache Integration lässt sich, wenn entweder der Leiter oder der Strom eine geschlossene Curve bilden, immer auf eine zweifache zurückführen.

Das Potential eines geschlossenen Stromes s in Beziehung auf einen andern geschlossenen Strom σ hat den Ausdruck:

$$\tfrac{1}{2} j j' \, S\, \Sigma \cdot \frac{\cos(Ds, D\sigma)}{r} Ds\, D\sigma \; ,$$

wo j und j' die Intensitäten der Ströme s und σ bezeichnen, Ds und $D\sigma$ ihre Elemente, r deren Entfernung von einander und $(Ds, D\sigma)$ den Winkel, unter welchem Ds gegen $D\sigma$ geneigt ist. — Die beiden Elemente Ds und $D\sigma$ der geschlossenen

Ströme s und σ ziehen sich gegenseitig mit einer Kraft an, die gleich ist:

$$\tfrac{1}{2} j j'' \cdot \frac{\cos(Ds, D\sigma)}{r^2} Ds D\sigma \, .$$

Wenn ein ungeschlossener Leiter s unter dem Einfluss eines geschlossenen Stroms σ bewegt wird, so ist die Summe der während dieser Bewegung inducirten elektromotorischen Kräfte [9] gleich dem Potential des Stroms σ in Bezug auf die geschlossene Umgrenzung der Oberfläche, welche der Leiter beschrieben hat, diese umgrenzenden Curven, nämlich die beiden des Leiters selbst in seiner Anfangs- und Endposition und die während der Bewegung von seinen beiden Endpunkten beschriebenen, durchströmt gedacht von dem Strome ε.

Dies Theorem giebt, wenn der inducirte Leiter geschlossen ist, den Satz des vorigen § über die Induction eines geschlossenen Leiters durch einen geschlossenen Strom. Es folgt ferner aus demselben Theorem der Satz:

Wenn ein ungeschlossener Leiter eine geschlossene Bahn durchlaufen hat, d. h. wenn er am Ende der Bewegung in die Lage, aus welcher er ausging, zurückgekehrt ist, so ist die auf dieser Bahn durch einen geschlossenen Strom inducirte elektromotorische Kraft die Differenz der Werthe des Potentials des Stroms in Beziehung auf die zwei Curven, welche die Endpunkte des Leiters durchlaufen haben, diese Curven von dem Strome ε durchströmt gedacht.

Wenn ein geschlossener Leiter in einer geschlossenen Bahn unter dem Einfluss eines geschlossenen Stroms bewegt worden ist, so ist die Summe der inducirten elektromotorischen Kräfte immer gleich Null.

Diese Sätze gelten auch, wenn die Induction nicht durch einen geschlossenen Strom, sondern durch einen Magneten hervorgebracht wird.

Auf den Fall, auf welchen die vorstehenden Sätze sich beziehen, den Fall nämlich der Bewegung eines Leiters unter dem Einfluss eines inducirenden geschlossenen Stroms, lassen sich derjenige, wo der geschlossene Strom statt des Leiters bewegt wird, sowie die Fälle zurückführen, wo der inducirte Leiter geschlossen, der inducirende Strom aber nicht geschlossen ist, es mag der Leiter oder der Strom bewegt werden.

§ 12. Die Kegelöffnung einer geschlossenen Curve in Bezug auf einen Punkt wird das Kugelflächenstück genannt, welches der aus dem Punkte durch die Curve gelegte Kegel von der um diesen Punkt mit dem Radius 1 beschriebenen Kugelfläche abschneidet.

Das Potential eines Solenoids, dessen Wirkung nach aussen durch die des freien Magnetismus $\varkappa'$ an seinen Enden ersetzt werden kann, hat in Bezug auf einen geschlossenen Strom s von der Intensität 1 den Werth

$$\varkappa'(K'' - K') ,$$

[10] wo K'' und K' die Kegelöffnungen der Curve s in Bezug auf die Pole des Solenoids sind.

Das Potential eines Magneten in Bezug auf einen geschlossenen Strom s von der Intensität 1 ist

$$\mathbf{S}.\varkappa K D\omega ,$$

wo $\varkappa.D\omega$ den freien Magnetismus auf dem Element $D\omega$ der Oberfläche des Magneten und K die Kegelöffnung von s in Bezug auf dieses Element vorstellt. Das Integral S ist auf die ganze Oberfläche des Magneten auszudehnen.

Wenn dieser Magnet aus der Lage w' in die Lage w'' fortgeführt wird, so ist der dadurch in s inducirte Strom:

$$- \varepsilon\varepsilon'\mathbf{S}.\varkappa(K''-K')D\omega ,$$

wo K' und K'' die Werthe von K in der Lage w' und w'' bezeichnen.

Der in einem ungeschlossenen Leiter, welcher eine geschlossene Bahn durchlaufen hat, inducirte Strom ist:

$$- \varepsilon\varepsilon'\mathbf{S}.\varkappa(K''-K')D\omega ,$$

wo K' und K'' die Kegelöffnungen der von den Endpunkten des Leiters beschriebenen geschlossenen Curven in Bezug auf den Punkt bezeichnen, in dem sich das Element $D\omega$ befindet.

Ist weder der Leiter noch seine Bahn eine geschlossene Curve, so ist der in ihm durch den Magneten inducirte Integralstrom:

$$- \varepsilon\varepsilon'\mathbf{S}.\varkappa K D\omega ,$$

wo K die Kegelöffnung der geschlossenen Umgrenzung der Oberfläche, welche der Leiter beschrieben hat, in Bezug auf das Element $D\omega$ ist.

Wenn der magnetische Zustand des Magneten eine Aenderung erleidet, so dass der freie Magnetismus $\varkappa . D\omega$ des Elements $D\omega$ der Oberfläche des Magneten sich in $\varkappa'. D\omega$ verwandelt, so wird dadurch in dem ruhenden geschlossenen Leiter s ein Strom inducirt, dessen Werth ist:

$$- \varepsilon\varepsilon' S. (\varkappa' - \varkappa) K D\omega ,$$

wo K die Kegelöffnung von s in Bezug auf $D\omega$ ist.

[11] Regeln, nach welchen das Vorzeichen von K bestimmt wird, und ob für K das kleinere oder grössere Kugelflächenstück zu nehmen ist, welches der Kegel abschneidet.

§ 13. Anwendungen der Formeln des vorigen § auf einige einfache specielle Fälle von Inductionen.

1) Es wird der Strom bestimmt, welcher durch den Erdmagnetismus in einem ebenen geschlossenen Leiter, der um eine Axe rotirt, inducirt wird. Der Inhalt des von dem Leiter eingeschlossenen ebenen Raums sei F, das auf seiner Ebene errichtete Perpendikel sei gegen die Drehungsaxe unter dem Winkel c geneigt, diese letztere bilde mit der Richtung der magnetischen Inclination den Winkel (a,r); der Drehungswinkel φ werde von der Lage der Leiter-Ebene an gerechnet, in welcher sie auf der durch die Drehungsaxe und die Richtung der magnetischen Inclination gelegten Ebene senkrecht steht; M bezeichne die Stärke des Erdmagnetismus. Nach diesen Bestimmungen wird der durch eine Drehung des Leiters von φ' bis φ'' in ihm inducirte Integralstrom:

$$- \varepsilon\varepsilon' M F \sin(a,r) \sin c \{\cos\varphi'' - \cos\varphi'\} .$$

2) In allen folgenden Anwendungen ist der Inducent ein prismatischer Magnet, dessen freier Magnetismus $\varkappa$ als gleichförmig über seine beiden Grundflächen vertheilt angesehen werden kann, die in Bezug auf ihre Entfernung von den Elementen des inducirten Leiters als klein betrachtet werden.

Formeln für die Ströme, welche in kreisförmigen Leitern oder in cylindrischen Spiralen durch Magnetisirung oder Ortsveränderung des Magneten inducirt werden. — Der Magnet, dessen Grundfläche durch f bezeichnet wird, befinde sich in einer Spirale, von welcher er ganz bedeckt sei; ihre Länge sei L, ihr Durchmesser R und die Anzahl ihrer Windungen sei N. Der in dieser Spirale durch den Akt der Magnetisirung inducirte Strom ist

$$- 4\pi\varepsilon\varepsilon' \varkappa f N \left\{ \sqrt{1 + \left(\frac{R}{L}\right)^2} - \frac{R}{L} \right\},$$

also, wenn $\frac{R}{L}$ klein ist, proportional der Anzahl der Windungen und unabhängig von ihrem Durchmesser.

Derselbe Strom wird inducirt, wenn die Spirale dem Magneten aus grosser Entfernung genähert und auf ihn gesteckt wird.

[12] 3) Derselbe Magnet ist hufeisenförmig gebogen; die beiden Pole werden mit o und u bezeichnet, die Mitte von ou durch m. Durch m geht senkrecht auf ou eine Drehungsaxe, mit welcher ein kreisförmiger Leiter, dessen Mittelpunkt C ist, so verbunden ist, dass die Linie mC auf ihr und auf der Ebene des Leiters senkrecht steht. Jede halbe Umdrehung, durch welche C aus der Linie ou heraus und wieder hineingeführt wird, inducirt den Strom

$$4\pi\varepsilon\varepsilon'\varkappa f \left\{ 2 - \frac{a-x}{\sqrt{(a-x)^2 + R^2}} - \frac{a+x}{\sqrt{(a+x)^2 + R^2}} \right\},$$

wo die Linie $mo = mu$ mit a, der Halbmesser des Leiters mit R und die Linie mC mit x bezeichnet ist. Damit die Drehung möglich sei, muss $x^2 + R^2 < a^2$ sein.

4) Mit derselben Drehungsaxe sei ein kreisförmiger Leiter vom Halbmesser R so verbunden, dass seine Ebene auf ihr senkrecht steht und sein Mittelpunkt um $mo = a$ von ihr entfernt ist; die Entfernung der Pole von der Leiterebene sei x. Der durch eine halbe Umdrehung, durch welche der Mittelpunkt des Leiters aus der kleinsten Entfernung von dem einen Pole in die kleinste Entfernung von dem andern Pole geführt wird, inducirte Strom hat den angenäherten Werth:

$$-4\pi\varepsilon\varepsilon'\varkappa f \left\{ 1 - \frac{x}{\sqrt{R^2 + x^2}} - \frac{\frac{1}{2}R^2 x}{(4a^2 + x^2)^{\frac{3}{2}}} \right\}.$$

5) Der im Vorigen betrachtete prismatische Magnet, dessen Länge h sei, rotire um seine Axe uo; mit ihr seien fest verbunden zwei leitende kreisförmige Scheiben mit den Halbmessern R und R', senkrecht auf ou stehend, deren Mittelpunkte C und C' in der über o verlängerten Axe uo von o um x und x' entfernt liegen. Diese Scheiben sind leitend unter einander verbunden; während der Magnet mit ihnen rotirt, schleifen gegen ihre Ränder zwei Metallfedern, die durch einen Leitungsdraht, z. B. den Multiplicatordraht, verbunden sind. Diese Federn mit ihrem Verbindungsdraht bilden einen ruhenden ungeschlossenen

Leiter, in welchem durch die Rotation des Magneten um seine Axe ein Strom inducirt wird, dessen Ausdruck ist:

$$2\pi\varepsilon\varepsilon' f\varkappa\left\{\frac{x}{\sqrt{x^2+R^2}}-\frac{h+x}{\sqrt{(h+x)^2+R^2}}-\frac{x'}{\sqrt{x'^2+R'^2}}+\frac{h+x'}{\sqrt{(h+x')^2+R'^2}}\right\}.$$

[13] Setzt man hierin $R'=o$ und $x=-\frac{1}{2}h$, so erhält man die vortheilhafteste Anordnung für die *Weber*'sche unipolare Induction; der bei dieser Anordnung inducirte Strom ist

$$\frac{-4\pi\varepsilon\varepsilon'\varkappa f}{\sqrt{1+\left(\frac{2R}{h}\right)^2}}.$$

Allgemeine Gesetze der inducirten elektrischen Ströme.

§ 1.

Herr *Lenz* hat, um die Richtung eines inducirten Stroms zu bestimmen, folgenden Satz gegeben*):

> Wenn sich ein metallischer Leiter in der Nähe eines galvanischen Stromes oder eines Magneten bewegt, so wird in ihm ein Strom erregt, der eine solche Richtung hat, dass er in dem Drahte, wenn er in Ruhe wäre, eine gerade entgegengesetzte Bewegung hervorbringen würde, wofern man denselben nur in der Richtung der ertheilten Bewegung und der entgegengesetzten beweglich voraussetzt.

Eine weitere Reflexion über diesen schönen Satz und seine Verbindung mit dem Satz: **dass die Intensität der momentanen Induction proportional ist der Geschwindigkeit, mit welcher der Leiter bewegt wird**, hat mich zu einem einfachen und allgemeinen Inductionsgesetz geführt, welches, soweit fremde und eigene Beobachtungen vorliegen, sich in seinen Folgerungen überall als richtig bewährt hat. Dieses Gesetz enthält den *Lenz*'schen Satz in Beziehung auf die Richtung des inducirten Stroms, und erlaubt in jedem einzelnen Falle, seine Intensität numerisch zu bestimmen. Die Auseinandersetzung desselben ist die Absicht der folgenden Abhandlung.

---

*) *Pogg.* Annalen der Physik und Chemie. Bd. 31. S. 483.

'Der *Lenz*'sche Satz lässt sich auch so aussprechen: **die nach der Richtung der Bewegung des Leiters zerlegte Wirkung des inducirenden auf den inducirten Strom ist immer negativ.** [14] Wir denken uns zunächst den Leiter parallel mit sich selbst bewegt, so dass alle Elemente Ds desselben die Geschwindigkeit v haben, und nehmen an, dass die nach der Richtung der Bewegung stattfindende Componente der Wirkung des inducirenden Stromes auf ein Element des bewegten Drahtes für jedes Element denselben Werth habe, welchen wir mit $C.Ds$ bezeichnen wollen in dem Falle, dass das Element von einem Strome mit der Intensität $=1$ durchströmt ist. Die Summe dieser Componenten in Beziehung auf den ganzen bewegten Draht, dessen Länge λ sei, $C\lambda$ bezeichne ich durch C'. Diese Componente C' wird also, wenn der bewegte Draht von einem Strome mit der Intensität k durchströmt wird, gleich kC'. Soll dies k der inducirte Strom sein, so muss k proportional der momentanen Geschwindigkeit v oder $k = Lv$ sein, wodurch die Componente wird: $LC'v$. Nach dem *Lenz*'schen Satze ist $LC'v$ immer eine negative Grösse. Hieraus geht hervor, dass, da C' mit der Richtung der Bewegung sein Vorzeichen ändert, L eine Function von C' sein muss, und zwar eine solche, welche zu gleicher Zeit mit C' ihr Vorzeichen ändert. Die einfachste Annahme, die man in dieser Hinsicht machen kann, und die in ihren Folgerungen sich als genügend erweist, ist, dass man, wenn e einen constanten Coefficienten bedeutet, setzt: $L = -eC'$.

Der momentane inducirte Strom erhält also den Ausdruck: $-evC'$. Dieser Strom befolgt in Beziehung auf Fortleitung und Verzweigung die bekannten *Ohm*'schen Gesetze. Wir müssen in seinem Ausdrucke also unterscheiden den Theil, welcher von dem Widerstand herrührt, und den Theil, welcher analog der elektromotorischen Kraft ist. Nennen wir l die durch die Leitungsfähigkeit dividirte Länge des Weges, welchen der inducirte Strom zu durchlaufen hat, sei es, dass dieser ganz aus dem bewegten oder zum Theil aus einem ruhenden Leiter gebildet wird, und setzen wir $e = \frac{\varepsilon}{l}$, so wird der Ausdruck für den inducirten Strom: $-\frac{\varepsilon v C'}{l}$, wo nun $-\varepsilon v C'$ seine elektromotorische Kraft bezeichnet. Da nach der Voraussetzung v und C für jedes Element des inducirten Leiters denselben Werth haben, so nimmt jedes Element einen gleichen Antheil an der Induction, d. h. in jedem Element wird eine gleiche elektromotorische Kraft inducirt, welche man erhält, wenn die ganze elektromotorische Kraft $-\varepsilon v C'$ multiplicirt wird mit $\frac{1}{\lambda} Ds$, und dies giebt: $-\varepsilon v C.Ds$. Der von dieser elementaren elektromotorischen Kraft herrührende Strom ist: $\frac{-\varepsilon v C.Ds}{l}$.

[15] Bei dieser Herleitung des Ausdrucks für die elementare inducirte elektromotorische Kraft lag die Vorstellung zu Grunde, dass alle Elemente des inducirten Drahtes dasselbe v haben. Aber offenbar bleibt dieser Ausdruck ungeändert, wenn man einen grössern oder geringern Theil des Leiters ruhen lässt, d. h. für diesen Theil $v = 0$ macht, oder wenn man dem Leiter eine solche Gestalt giebt, dass für einen Theil desselben $C = 0$; hieraus geht hervor, dass die in dem bewegten Element inducirte elektromotorische Kraft unabhängig ist von dem Zustand der übrigen Elemente, und hieraus folgt, dass der gefundene Ausdruck für die inducirte elementare elektromotorische Kraft unabhängig ist von der Voraussetzung, dass alle Elemente des Leiters denselben Werth von v und C besitzen.

Demnach spricht sich das allgemeine Inductionsgesetz so aus: **die in einem Elemente des bewegten Drahtes inducirte elektromotorische Kraft ist gleich einer Constante ε multiplicirt mit der Geschwindigkeit des Elements und mit der nach der negativen Richtung der Bewegung zerlegten Wirkung des inducirenden Stromes auf das Element, dieses durchströmt gedacht von einem positiven Strom mit der Intensität $= 1$.** Bezeichnet man mit $E.Ds$ die elementare inducirte elektromotorische Kraft, so ist also:

(1) $$E.Ds = -\varepsilon v C.Ds ,$$

wo v und C im Allgemeinen Functionen der Coordinaten des Orts des Elements sind, die ihrerseits Functionen der Zeit sind.

Was die Constante ε betrifft, so haben *Faraday* und *Lenz* gezeigt, dass sie unabhängig von der Beschaffenheit des Leiters ist; ihr numerischer Werth hängt also nur von den Einheiten der Länge, der Zeit und der Stromstärke ab. Indessen giebt es Inductionserscheinungen, welche nur durch die Annahme erklärt werden zu können scheinen, dass eine momentan wirkende Ursache die elektromotorische Kraft nicht blos momentan inducirt, sondern während einer gewissen wenn auch äusserst kurzen Zeit, wonach ε also nicht constant, sondern eine Function der Zeit ist, die aber verschwindet, wenn ihr Argument nicht sehr klein ist. Ich werde diesen Umstand später weiter auseinandersetzen, wenn ich die hier für lineare Induction zu entwickelnden Principien auf die in bewegten Flächen und Körpern inducirten Ströme ausdehnen werde, wo sein Einfluss vorzugsweise bemerklich wird, wie dies die [16] Theorie der *Arago*'schen Scheibe zeigen wird. Hier will ich nur bemerken, dass diese nicht momentane Induction bei Drähten ohne erheblichen Einfluss auf die Summe der elektromotorischen Kräfte ist, die während einer gewissen Zeit erregt werden, und ohne allen Einfluss, wenn die inducirende Ursache am Anfange und Ende dieser Zeit denselben Werth hat, z. B. wenn sie periodisch wirkt.

§ 2.

In einem geschlossenen linearen Leiter, in welchem ich die Länge eines unbestimmten Stücks, gerechnet von einem festen Querschnitt, durch s bezeichne, werde in jedem Element zur Zeit t die elektromotorische Kraft $E.Ds$ erregt, wo E eine Function von s und t ist: es soll die daraus hervorgehende Stromstärke bestimmt werden. Wäre E unabhängig von t und allein eine Function von s, so könnte diese Stromstärke sofort nach dem *Ohm*'schen Satze bestimmt werden, dass die Stromstärke in einem geschlossenen Leiter gleich ist der Summe der elektromotorischen Kräfte, dividirt durch den Leitungswiderstand, und nennen wir diesen w, so wäre die Stromstärke $\frac{1}{w}\int E.Ds$, die Integration über den ganzen Leiter ausgedehnt. Dieser Satz beruht aber auf der Voraussetzung eines stationären, d. h. von der Zeit unabhängigen Zustandes der Strömung, welcher, wenn E eine Function von t ist, nicht vorhanden ist. Ich werde aber nachweisen, dass dessen ungeachtet dieser Satz angewandt werden kann, wenn sich E nur nicht äusserst rasch mit t verändert. Diese Nachweisung beruht darauf, dass der absolute Werth der Leitungsfähigkeit des erregten Leiters, welche wir mit k bezeichnen, ausserordentlich gross ist; man muss sich diese Grösse vorstellen als von der Ordnung des Quadrats der Fortpflanzungsgeschwindigkeit der Elektricität in dem Leiter; wir besitzen kein Mittel, ihren Werth näher zu begrenzen.

Die erregte elektromotorische Kraft denken wir uns als eine

Folge der durch die Induction erregten elektrischen Spannung. Ich bezeichne diese zur Zeit t in Ds erregte elektrische Spannung mit U, wo U also eine Function von s und t ist. Die erregte elektromotorische Kraft ist hiernach: $-\dfrac{dU}{ds}Ds = E.Ds$ und die in Folge dieser Erregung durch einen Querschnitt q strömende Elektricitätsmenge ist $-qk\dfrac{dU}{ds} = qkE$. Ich bezeichne durch u die zur Zeit t bereits vorhandene elektrische Spannung. In Folge dieser vorhandenen Spannung strömt durch einen Querschnitt q die Elektricitätsmenge $-qk\dfrac{du}{ds}$ und [17] diese ertheilt dem Elemente Ds einen Zuwachs an Spannung, welcher $= qk\dfrac{d^2u}{ds^2}Ds$. Fände keine erregte Strömung statt, so würde hieraus sich ergeben:

$$(1) \qquad \frac{du}{dt} = k\frac{d^2u}{ds^2}.$$

Die erregte Strömung qkE vermehrt aber den Zuwachs der elektrischen Spannung um $-qk\dfrac{dE}{ds}Ds$, so dass unter dem Einfluss der Induction die Gleichung stattfindet:

$$(2) \qquad \frac{du}{dt} = k\left\{\frac{d^2u}{ds^2} - \frac{dE}{ds}\right\}.$$

Ist aus dieser Gleichung u bestimmt worden, so ist die einen Querschnitt q durchströmende Elektricitätsmenge oder die Stromstärke

$$-kq\left(\frac{du}{ds} - E\right).$$

Das vollständige Integral von (2) besteht aus zwei Theilen, von welchen der eine das Integral von (1) ist, der zweite von der Function E abhängt. Der erste Theil lässt sich durch eine Reihe darstellen, welche nach den negativen Potenzen von e^{kt} fortschreitet, wo e die Basis des natürlichen Logarithmensystems ist, und verschwindet wegen des grossen Werthes, den k besitzt, für irgend merkliche Werthe von t. Der zweite Theil kann durch eine Reihe dargestellt werden, die nach den negativen Potenzen von k fortschreitet, nämlich

$$u = a + bs + \int E\,ds + \frac{1}{k}\int\overset{3}{\frac{dE}{dt}}ds^3 + \frac{1}{k^2}\int\overset{5}{\frac{d^2E}{dt^2}}ds^5 + \ldots,$$

wo a und b zwei willkürliche Constanten bedeuten. Hieraus geht hervor, dass, wenn E sich nicht äusserst rasch mit der Zeit verändert, so dass sein Differentialquotient nach t einen mit k vergleichbaren Werth erhält, man setzen kann:

$$u = a + bs + \int E \, ds .$$

Ist der Leiter geschlossen und bezeichnet man seine Länge durch L, so muss für $s = 0$ und für $s = L$ sowohl die Spannung u als die Stromstärke $-kq\left(\frac{du}{ds} - E\right)$ denselben Werth haben. Die zweite Bedingung erfüllt sich von selbst; die erste giebt:

$$a = a + bL + \int_0^L E \, ds,$$

so dass die eine Constante [18] a unbestimmt bleibt, und für b folgt: $b = -\frac{1}{L}\int_0^L E \, ds$. Hieraus ergiebt sich die Stromstärke:

$$-qk\left(\frac{du}{ds} - E\right) = \frac{qk}{L}\int_0^L E \, ds ,$$

wodurch die Anwendung des *Ohm*'schen Satzes, dass die Stromstärke gleich ist der Summe der elektromotorischen Kräfte, dividirt durch den Widerstand des Weges, auch für den Fall gerechtfertigt ist, wenn die elektromotorischen Kräfte Functionen der Zeit sind. Ich habe der Einfachheit wegen die Leiter als homogen und von constantem Querschnitt vorausgesetzt: die entgegengesetzte Annahme ändert aber nichts Wesentliches an diesem Satze.

§ 3.

Aus den beiden vorhergehenden §§ ergiebt sich, dass allgemein die inducirte Stromstärke ausgedrückt wird durch das Integral

$(f.)$ $\qquad\qquad -\varepsilon\varepsilon' \mathfrak{S} \tau C D s ,$

wo ε' den reciproken Werth des Widerstandes der Leitung bedeutet und die Summation auf den ganzen bewegten Leiter auszudehnen ist.

Die Stromstärke wird durch die Wirkung gemessen, welche der Strom in einer gewissen Zeit z. B. auf eine Magnetnadel hervorbringt. Wir nehmen an, dass der constante Coefficient ε so bestimmt worden sei, dass der vorstehende Ausdruck die Wirkung bezeichnet, welche durch den Strom in dem Falle, dass er constant ist, in der Einheit der Zeit hervorgebracht wird. Dann ist bei variabler Stromstärke seine Wirkung während des Zeitelements dt:

$$(1) \qquad - \varepsilon\varepsilon' dt\, \mathbf{S} v\, CDs$$

und seine Wirkung während des Zeitraums von t_0 bis t_1:

$$(2) \qquad - \varepsilon\varepsilon' \int_{t_0}^{t_1} dt\, \mathbf{S} v\, CDs \ .$$

Die Summation, welche durch S bezeichnet wird, ist immer für den ganzen bewegten Theil des inducirten Leiters zu nehmen.

Den Strom (1) nenne ich den **Differentialstrom**, und den Strom (2) den **Integralstrom**. Ich bezeichne diese Ströme respective mit D [19] und J. Gewöhnlich ist es der Integralstrom, welcher gemessen wird; der Differentialstrom lässt sich, wenn nicht etwa sein Zeitelement gemessen wird, nur wenn er constant ist, direct beobachten, und dann durch eine andere constante Kraft, mit welcher er ein Gleichgewicht bildet, z. B. den Erdmagnetismus, messen.

Die beiden Ausdrücke (1) und (2) lassen sich in eine andere Form bringen. Nennt man dw das Element des Weges w, welches von dem Drahtelement Ds während dt beschrieben wird, so ist $v = \dfrac{dw}{dt}$, und man erhält den Differentialstrom

$$(3) \qquad D = - \varepsilon\varepsilon'\, \mathbf{S} C\, dw\, Ds$$

und den Integralstrom

$$(4) \qquad J = - \varepsilon\varepsilon' \int_{w_0}^{w_1} \mathbf{S} C\, dw\, Ds \ ,$$

wo w_0 und w_1 die Orte der Bahn w des Leiters bezeichnen, an welchen sich derselbe zu den Zeiten t_0 und t_1 befand. Hiernach kann der Differentialstrom definirt werden als der auf dem unendlich kleinen Wege dw inducirte Strom, und der Integralstrom als der, welcher auf dem ganzen Wege von w_0 bis w_1 inducirt ist. Beide Ströme sind, wie sich hieraus ergiebt, von der Geschwindigkeit unabhängig und hängen nur von der Lage und Länge des Weges ab.

Das Product $\varepsilon C\, dw\, Ds$ ist das **virtuelle Moment der Kraft**, welche der inducirende Strom in Bezug auf das Element Ds ausübt, wenn man sich dieses von einem Strome ε durchströmt vorstellt; ich nenne es kurzweg das **virtuelle Moment des Inducenten**. Die elektromotorische Kraft des Differentialstroms ist demnach das negative virtuelle Moment des Inducenten in Bezug auf den ganzen bewegten Leiter; die elektromotorische Kraft des Integralstroms ist die Summe dieser virtuellen Momente, welche auf dem Wege von w_0 bis w_1 erzeugt werden. Da diese Summe der virtuellen Momente zugleich das Maass der auf dem Wege von w_0 bis w_1 entwickelten lebendigen Kraft ist, so kann man auch sagen: **die elektromotorische Kraft des Integralstroms ist der Verlust an lebendiger Kraft, welchen der Inducent in dem bewegten Leiter auf dem Wege von** w_0 **bis** w_1 **hervorbringt,** den Leiter immer von dem constanten Strome ε durchströmt gedacht. Der effective Verlust an lebendiger Kraft, welchen der Leiter durch die Induction [20] in dem Zeitraume von t_0 bis t_1 erfährt, wenn er sich frei z. B. in Folge seiner Trägheit bewegt, ist:

$$(4a) \qquad 2\varepsilon\varepsilon' \int_{t_0}^{t_1} dt \, (\mathbf{S}v\, CDs)^2 \, .$$

Die drei rechtwinkligen Coordinaten des Elements Ds bezeichne ich durch x, y, z und seine Projectionen auf diese Coordinaten durch Dx, Dy, Dz. Die Projectionen des Elements dw des Weges, auf welchem Ds fortbewegt wird, seien dx, dy, dz, und die drei mit ihnen parallelen Componenten der Wirkung des Inducenten auf Ds, wenn Ds von der Einheit des Stroms durchströmt wird,

$$X_\sigma Ds \, , \quad Y_\sigma Ds \, , \quad Z_\sigma Ds \, .$$

Diese Componenten sollen positiv genannt werden, wenn ihre Richtung die positive der Coordinaten ist.

Hiernach ist:

$$C.Ds = Ds \left\{ X_\sigma \frac{dx}{dw} + Y_\sigma \frac{dy}{dw} + Z_\sigma \frac{dz}{dw} \right\} \, ;$$

und dieser Werth in (3) und (4) gesetzt giebt

$$(5) \qquad D = -\varepsilon\varepsilon' \, \mathbf{S} Ds \{ X_\sigma dx + Y_\sigma dy + Z_\sigma dz \} \, .$$

$$(6) \qquad J = -\varepsilon\varepsilon' \int_{w_0}^{w_1} \mathbf{S} Ds \{ X_\sigma dx + Y_\sigma dy + Z_\sigma dz \} \, .$$

Das Summenzeichen S bezieht sich immer auf das Element Ds des bewegten Leiters und $\int$ auf das Element dw des Weges, auf welchem Ds sich bewegt.

Die Verhältnisse der Projectionen $dx : dy : dz$ sind durch die Natur der Curve w gegebene Functionen von x, y, z, welche im Allgemeinen noch von s abhängen. Bewegt sich der Leiter parallel mit sich selbst, so haben dx, dy, dz für alle Elemente Ds denselben Werth, und in diesem Falle kann man schreiben:

$$(7) \quad J = -\varepsilon\varepsilon' \int_{w_0}^{w_1} \left(dx \, \mathsf{S} X_\sigma Ds + dy \, \mathsf{S} Y_\sigma Ds + dz \, \mathsf{S} Z_\sigma Ds \right).$$

Wenn die unter dem Integralzeichen $\int$ stehende Grösse das vollständige Differential einer Function von x, y, z ist, welche ich mit V bezeichnen will, so dass

$$(8) \quad dV = dx \, \mathsf{S} X_\sigma Ds + dy \, \mathsf{S} Y_\sigma Ds + dz \, \mathsf{S} Z_\sigma Ds,$$

[21] so wird

$$(9) \quad J = -\varepsilon\varepsilon' (V_{w_1} - V_{w_0}).$$

Setzt man $\varepsilon V = p$, wo p eine willkürliche Constante ist, so ist dies die Gleichung einer der Gleichgewichtsoberflächen einer Flüssigkeit von constanter Dichtigkeit ε, auf welche die drei rechtwinkligen Kräfte $\mathsf{S} X_\sigma Ds$, $\mathsf{S} Y_\sigma Ds$, $\mathsf{S} Z_\sigma Ds$ wirken, und p der auf ihr senkrechte constante Druck, der nur von einer Oberfläche zur andern variirt. Schreibt man also statt (9):

$$(10) \quad J = -\varepsilon' (p_{w_1} - p_{w_0}),$$

so sieht man, dass, wenn der Leiter sich parallel mit sich selbst bewegt und die Bedingung (8) erfüllt ist, die **elektromotorische Kraft des Integralstroms definirt ist durch die Differenz des Drucks auf den beiden Gleichgewichts-Oberflächen, welche durch die Endpunkte der Bahn des Leiters gelegt sind**, so dass dieser Integralstrom unabhängig ist von der Lage und Länge des Weges, auf welchem der Leiter von der einen Oberfläche zur andern gelangt ist.

§ 4.

In dem Ausdruck für die in dem Element Ds inducirte elektromotorische Kraft: $-\varepsilon v C . Ds$ ist C die Summe der nach der Richtung der Bewegung von Ds zerlegten Kräfte, mit welchen die einzelnen Elemente des Inducenten auf die Einheit des Stroms in Ds wirken. Ich werde mit σ den Bogen des Inducenten bezeichnen, mit $D\sigma$ sein Element, und mit $c.D\sigma$ die nach der

Richtung der Bewegung von Ds zerlegte Wirkung, welche $D\sigma$ auf die Einheit des Stroms in Ds ausübt. Dann ist der Antheil, welchen das Element $D\sigma$ an der in Ds inducirten elektromotorischen Kraft nimmt:
$$- \varepsilon v c . Ds D\sigma .$$
Dies ist der Ausdruck für die elementare Induction, welche zwischen dem Element des Inducenten und dem Element des bewegten Leiters stattfindet. Die doppelte Integration dieses Ausdrucks nach der ganzen Länge von s und nach der ganzen Länge von σ giebt die elektromotorische Kraft, welche der ganze Inducent in dem ganzen bewegten Leiter hervorruft. Ich werde diese Integrationen nach Ds und $D\sigma$ immer durch die Zeichen S und Σ unterscheiden.

[22] Die Betrachtungen, welche zu dem vorstehenden Ausdrucke für die elementare Induction geführt haben, gingen von der Vorstellung aus, dass der Inducent ruhe und der inducirte Leiter bewegt werde. Die Induction kann aber nur abhängig sein von der relativen Bewegung der Elemente. Denn man kann beiden Elementen ausser den Bewegungen, welche sie besitzen, noch eine solche gemeinschaftliche geben, dass das eine oder das andere Element in Ruhe bleibt, und diese beiden Elementen gemeinschaftliche Bewegung kann keine Induction hervorbringen, denn sonst würde auch in dem neben dem Inducenten ruhenden Leiter schon durch die Bewegung der Erde ein Strom erregt werden müssen. Es wird also dieselbe elektromotorische Kraft erregt, wenn das Element des Leiters Ds, oder das Element des Inducenten $D\sigma$ in entgegengesetzter Richtung bewegt wird. Wir wollen nun annehmen, das Element des Inducenten $D\sigma$ werde mit der Geschwindigkeit v bewegt, wo jetzt v, unabhängig von s, eine Function von σ ist. Die inducirte elektromotorische Kraft ist: $+ \varepsilon v c Ds D\sigma$, wo $c Ds D\sigma$ die nach der Richtung der Bewegung von $D\sigma$ zerlegte Wirkung des Elements $D\sigma$ auf die Einheit des Stroms in Ds ist. Bezeichnen wir mit γ die nach der Richtung der Bewegung von $D\sigma$ zerlegte Gegenwirkung, welche die Einheit des Stroms in Ds auf $D\sigma$ ausübt, wo also $\gamma = - c$, so wird die inducirte elektromotorische Kraft: $- \varepsilon v \gamma Ds D\sigma$. Wenn das Integral $S\gamma Ds$, auf die ganze Länge von s ausgedehnt, durch Γ bezeichnet wird, so wird die elektromotorische Kraft, welche in dem ganzen Leiter durch die Bewegung eines Elements des Inducenten erregt wird und welche durch $E'. D\sigma$ bezeichnet werden soll, folgenden Werth haben:

(1) $$E'.D\sigma = -\varepsilon v\Gamma.D\sigma,$$

wo Γ die nach der Richtung der Bewegung von $D\sigma$ zerlegte Wirkung des ganzen ruhenden Leiters, wenn er von der Einheit des Stroms durchströmt gedacht wird, auf das Element $D\sigma$ vorstellt.

Hieraus ergiebt sich der Werth des Differentialstroms D', wecher in dem ruhenden Leiter durch die Bewegung des inducirenden Leiters erregt wird:

(2) $$D' = -\varepsilon\varepsilon' dt \Sigma v\Gamma D\sigma,$$

und der Integralstrom J' wird

(3) $$J' = -\varepsilon\varepsilon' \int_{t_0}^{t_1} dt \Sigma v\Gamma D\sigma.$$

[23] Wird der Weg, auf welchem $D\sigma$ fortbewegt wird, durch w und sein Element durch dw bezeichnet, dann ist

(4) $$D' = -\varepsilon\varepsilon' \Sigma \Gamma dw D\sigma,$$

(5) $$J' = -\varepsilon\varepsilon' \int_{w_0}^{w_1} \Sigma \Gamma dw D\sigma.$$

Der für die elektromotorische Kraft in (1) dieses § gegebene Ausdruck fällt mit dem Ausdruck (1) in § 1 zusammen, wenn man, mag sich der inducirende Strom im ruhenden oder bewegten Leiter befinden, $C.Ds$ oder $\Gamma.D\sigma$ so definirt, dass dadurch immer die nach der Richtung der Bewegung des bewegten Elements zerlegte Wirkung des ruhenden Leiters auf das bewegte Element bezeichnet wird, den inducirten Leiter von der Einheit des Stroms durchströmt gedacht. Hieraus folgt der Satz: **Wenn von zwei Leitern A und B der Leiter A sich gegen B bewegt, so wird dieselbe elektromotorische Kraft erzeugt, der inducirende Strom mag in A oder B fliessen, und die in B oder A inducirten Ströme verhalten sich umgekehrt wie die Leitungswiderstände ihrer Bahnen.** Ich werde jetzt nachweisen, dass es, wenn die Leiter A und B geschlossen sind, gleichgültig ist, ob A bewegt wird oder B in der entgegengesetzten Richtung; es wird in beiden Fällen dieselbe elektromotorische Kraft erzeugt.

Die Ordinaten eines Elements dw des Weges w, auf welchem das inducirende Element $D\sigma$ fortgeführt wird, werde ich mit ξ, η, ζ bezeichnen, und die Projectionen von dw mit $d\xi, d\eta, d\zeta$.

Die drei rechtwinkligen Componenten der Wirkung, welche auf das inducirende Element $D\sigma$ von dem ruhenden Leiter s ausgeübt wird, wenn dieser von der Einheit des Stroms durchströmt wird. sollen mit $X_s D\sigma$, $Y_s D\sigma$, $Z_s D\sigma$ bezeichnet werden. Dann ist

$$\Gamma D\sigma = \left\{X_s \frac{d\xi}{dw} + Y_s \frac{d\eta}{dw} + Z_s \frac{d\zeta}{dw}\right\} D\sigma ,$$

und dieser Werth, in (4) und (5) substituirt, giebt:

(6) $\quad D' = -\varepsilon\varepsilon' \Sigma \{X_s d\xi + Y_s d\eta + Z_s d\zeta\} D\sigma ,$

(7) $\quad J' = -\varepsilon\varepsilon' \int_{w_0}^{w_1} \Sigma \{X_s d\xi + Y_s d\eta + Z_s d\zeta\} D\sigma .$

[24] Es seien $x_,$, $y_,$, $z_,$ die Coordinaten des Elements Ds. Durch die Accente an den Buchstaben der Coordinaten soll hier und im Folgenden immer angedeutet werden, dass ihre Werthe unabhängig von der Zeit, allein von dem Bogen des Leiters abhängen, also sich auf einen ruhenden Leiter beziehen, während die nicht accentuirten. z. B. ξ, η, ζ, sich auf einen bewegten Leiter beziehen, und deshalb zugleich Functionen vom Bogen und von der Zeit sind. Mit $R.Ds D\sigma$ bezeichne ich die Wirkung, welche die Einheit des Stroms in Ds auf das Element $D\sigma$ des Inducenten ausübt. Nach dem *Ampère*'schen Gesetz hat R folgenden Werth:

(8) $\quad R = \frac{j}{r^2}\left\{r \frac{D^2 r}{Ds D\sigma} - \frac{1}{2} \frac{Dr}{Ds} \cdot \frac{Dr}{D\sigma}\right\} ,$

wo j die Stromstärke im Leiter σ und r die Entfernung der Elemente Ds und $D\sigma$ bezeichnet, so dass:

(9) $\quad r^2 = (x_, - \xi)^2 + (y_, - \eta)^2 + (z_, - \zeta)^2 .$

Die drei rechtwinkligen Componenten von $R.Ds D\sigma$ nenne ich $X.Ds D\sigma$, $Y.Ds D\sigma$, $Z.Ds D\sigma$, wo

$$X = -\frac{x_, - \xi}{r} R , \quad Y = -\frac{y_, - \eta}{r} R , \quad Z = -\frac{z_, - \zeta}{r} R ,$$

und es wird demnach

$$X_s = -\int \frac{x_, - \xi}{r} R\, Ds ,$$

$$Y_s = -\int \frac{y_, - \eta}{r} R\, Ds ,$$

$$Z_s = -\int \frac{z_, - \zeta}{r} R\, Ds .$$

Berücksichtigt man, dass
$$(x, -\xi)d\xi + (y, -\eta)d\eta + (z, -\zeta)d\zeta = -r\,dr ,$$
und also
$$X_s d\xi + Y_s d\eta + Z_s d\zeta = \mathfrak{S}R\,dr\,Ds ,$$
so wird:
(10) $$D' = -\varepsilon\varepsilon' \Sigma\mathfrak{S}R\,dr\,Ds\,D\sigma ,$$
(11) $$J' = -\varepsilon\varepsilon' \int_{r_0}^{r_1}\Sigma\mathfrak{S}R\,dr\,Ds\,D\sigma .$$

[25] Man muss wohl bemerken, dass in allen diesen Ausdrücken das Differentialzeichen d und das Integralzeichen $\int$ sich immer auf den Weg des bewegten Elements beziehen oder, was auf dasselbe hinauskommt, auf die Zeit, während sich die Integralzeichen S und Σ auf die Bogen s und σ beziehen und die Differentiation nach diesen Bogen durch D bezeichnet wird. —

Ich nehme an, dass die Form der Leiter unverändert bleibe, alsdann erhalten wir den allgemeinsten Ausdruck für die Abhängigkeit der Coordinaten ξ, η, ζ vom Bogen σ und der Zeit, wenn wir ein neues Coordinatensystem $\xi_{,}, \eta_{,}, \zeta_{,}$ einführen, welches sich mit dem Leiter σ zugleich bewegt. Zwischen diesem Coordinatensystem und dem der ξ, η, ζ finden die Gleichungen statt:

(12) $$\begin{aligned}\xi &= \alpha + a\,\xi_{,} + b\,\eta_{,} + c\,\zeta_{,} \\ \eta &= \beta + a_{,}\xi_{,} + b_{,}\eta_{,} + c_{,}\zeta_{,} \\ \zeta &= \gamma + a_{,,}\xi_{,} + b_{,,}\eta_{,} + c_{,,}\zeta_{,} ,\end{aligned}$$

wo die neun Grössen a, b, c, a' etc. den bekannten Relationen der Coordinatenverwandlung genügen müssen, im übrigen aber, so wie auch α, β, γ, gegebene Functionen der Zeit sind, während $\xi_{,}, \eta_{,}, \zeta_{,}$ nur Functionen des Bogens σ sind. Man hat also z. B.
$$\begin{aligned}d\xi &= d\alpha + \xi_{,}da + \eta_{,}db + \zeta_{,}dc , \\ D\xi &= aD\xi_{,} + bD\eta_{,} + cD\zeta_{,} .\end{aligned}$$

Substituirt man die Werthe von ξ, η, ζ in den Ausdruck (9) von r^2, so erhält man
$$\begin{aligned}r^2 =\;& (x, -\alpha)^2 + (y, -\beta)^2 + (z, -\gamma)^2 + \xi_{,}^2 + \eta_{,}^2 + \zeta_{,}^2 \\ & - 2\xi_{,}(a(x, -\alpha) + a_{,}(y, -\beta) + a_{,,}(z, -\gamma)) \\ & - 2\eta_{,}(b(x, -\alpha) + b_{,}(y, -\beta) + b_{,,}(z, -\gamma)) \\ & - 2\zeta_{,}(c(x, -\alpha) + c_{,}(y, -\beta) + c_{,,}(z, -\gamma)) .\end{aligned}$$

Denselben Ausdruck für r^2 würde man erhalten haben, wenn man in $r^2 = (x-\xi)^2 + (y-\eta)^2 + (z-\zeta)^2$ statt ξ, η, ζ die von der Zeit unabhängigen Coordinaten $\xi_{,,} \eta_{,,} \zeta_{,,}$ gesetzt hätte und statt x, y, z die Werthe

(13)
$$x = (x, -\alpha)\, a + (y, -\beta)\, a_{,} + (z, -\gamma)\, a_{,,},$$
$$y = (x, -\alpha)\, b + (y, -\beta)\, b_{,} + (z, -\gamma)\, b_{,,},$$
$$z = (x, -\alpha)\, c + (y, -\beta)\, c_{,} + (z, -\gamma)\, c_{,,},$$

welche dieselben sind, die man diesen Grössen zu ertheilen gehabt hätte, wenn statt des inducirenden Stromleiters der inducirte mit derselben aber [**26**] entgegengesetzten Bewegung fortgeführt worden wäre. Da nun R nach (8) nur von r und seinen Differentialquotienten nach s und σ abhängt, und dr das Differential nach der Zeit ist, so hat $R\, dr\, Ds\, D\sigma$ denselben Werth, man mag die Bewegung dem inducirenden Leiter oder dem inducirten in entgegengesetzter Richtung ertheilen. Hieraus folgt, dass, wenn in diesen beiden Fällen die Grenzen der Integration in (10) und (11) dieselben bleiben, die elektromotorische Kraft der Ströme D' und J' in beiden Fällen dieselbe ist, und sie selbst sich umgekehrt wie ihre Leitungswiderstände verhalten. Die Grenzen der Integration sind aber in beiden Fällen dieselben, wenn der bewegte Leiter die ganze Bahn des in ihm fliessenden Stroms enthält, d. h. wenn die bewegten Leiter geschlossen sind.

Hieraus ergiebt sich folgender Satz:

Wenn zwei geschlossene Leiter gegeben sind, so wird dieselbe elektromotorische Kraft inducirt, welcher von beiden Leitern auch sich bewegt und in welchem von beiden auch der inducirende Strom fliesst, nur muss die Bewegung des einen Leiters der Bewegung des andern entgegengesetzte sein. Die in dem einen oder dem andern Falle inducirten Ströme verhalten sich umgekehrt wie ihre Leitungswiderstände.

Man kann diesen Satz auch auf ungeschlossene Leiter ausdehnen, nur darf die Substitution der Bewegung des einen Leiters statt der entgegengesetzten des andern nicht die Länge des ruhenden und des bewegten verschieden machen. Dies ist nur dadurch möglich, dass ein Theil der Bahn, welche der Strom des einen Leiters durchläuft, an der Bewegung des andern Leiters Theil nimmt, wodurch der erste Leiter, d. h. so weit er ruht oder bewegt wird, zu einem ungeschlossenen wird. — Beispiele von solcherlei Anordnungen sind mehrere bekannt; unter andern gehört hierher die Anordnung, welche *Weber* in seinen Versuchen über unipolare Induction beschreibt. — Bewegt sich aber ein ungeschlossener Leiter, während der übrige Theil der Bahn, in welchem der in dem Leiter fliessende Strom strömt, ruht, und bleibt dieser Theil in Ruhe, wenn der Leiter selbst ruht, so kann statt der Bewegung dieses Leiters im Allgemeinen nicht die entgegengesetzte des andern substituirt werden, weil, je nachdem der Leiter ruht oder bewegt wird, die Grenzen der Integration in (10) und (11) verschieden sind. Nur dann ist diese Substitution noch erlaubt, wenn das Stück, welches die [27] Grenzen dieser Integration erweitert, sei es seiner Richtung oder seiner Entfernung vom Inducenten wegen, überhaupt unwirksam ist, in welchem Falle der ungeschlossene Leiter überall als ein geschlossener angesehen werden kann.

Der vorstehende Satz gilt nicht allein für zwei Leiter, sondern ebenso für zwei Systeme von Leitern.

Die Formeln (6) und (7) müssen sich zufolge dieses Satzes auf die Formeln (5) und (6) des vorigen § reduciren, was auch leicht nachzuweisen ist. Die Formeln (6) und (7) sind nämlich gleichbedeutend mit denen in (10) und (11). Setzen wir in diese den Werth von dr, der aus der Gleichung

$$r^2 = (x - \xi_t)^2 + (y - \eta_t)^2 + (z - \zeta_t)^2 ,$$

folgt, nämlich, da hier nur x, y, z von der Zeit abhängen,

$$dr = \frac{x - \xi_t}{r} dx + \frac{y - \eta_t}{r} dy + \frac{z - \zeta_t}{r} dz ,$$

so erhalten wir z. B.

$$D' = -\varepsilon\varepsilon' \Sigma \mathbf{S} Ds D\sigma \mathrm{R} \left\{ \frac{x - \xi_t}{r} dx + \frac{y - \eta_t}{r} dy + \frac{z - \zeta_t}{r} dz \right\} ,$$

und bezeichnen wir, wie im vorhergehenden §, die Componenten der Wirkung des ganzen inducirenden Stroms σ auf das Element Ds durch $X_\sigma . Ds, Y_\sigma . Ds, Z_\sigma . Ds$, so dass

$$X_\sigma = \Sigma D\sigma \mathrm{R} \frac{x - \xi_t}{r} ,$$
$$Y_\sigma = \Sigma D\sigma \mathrm{R} \frac{y - \eta_t}{r} ,$$
$$Z_\sigma = \Sigma D\sigma \mathrm{R} \frac{z - \zeta_t}{r} ,$$

so wird

$$D' = -\varepsilon\varepsilon' \mathbf{S} Ds \{ X_\sigma dx + Y_\sigma dy + Z_\sigma dz \} ,$$

und also
$$J' = -\varepsilon\varepsilon' \int_{w_0}^{w_1} \mathbf{S} Ds\{X_\sigma dx + Y_\sigma dy + Z_\sigma dz\},$$
welches die Formeln (5) und (6) des vorigen § sind.

§ 5.

Die im Vorigen angestellten Betrachtungen verstatten eine Anwendung auf die durch einen magnetischen Pol hervorgebrachte Induction, da man [28] diesen nach der *Ampère*'schen Theorie als das eine Ende eines Solenoids ansehen kann, dessen anderes Ende im Unendlichen liegt. Die Betrachtung der durch einen magnetischen Pol erregten Induction giebt die Principien für die Untersuchung der durch einen Magneten inducirten Ströme und derjenigen, welche durch das Auftreten und Verschwinden des Magnetismus erregt werden, so wie sie auch auf die durch geschlossene galvanische Ströme inducirten Ströme eine Anwendung findet, da geschlossene galvanische Ströme nach einem *Ampère*'schen Satze immer in ihrer Wirkung auf einander als ein System magnetischer Pole angesehen werden können.

Wenn ein Solenoid gegen einen ruhenden Leiter bewegt wird, so hat man zur Bestimmung des Differential- oder Integralstroms die Formeln des vorigen § anzuwenden, z. B. (2) oder (3), und also eine Integration nach dem Element $D\sigma$ des Stromes, welcher das Solenoid bildet, auszuführen, nachdem dies Element mit $v\Gamma$ multiplicirt ist. **Man kann aber für die Bewegung des Solenoids immer die entgegengesetzte des inducirten Leiters substituiren.** Ist dieser Leiter nämlich ein geschlossener, so ergiebt sich dies unmittelbar aus dem Satz des vorigen §; ist er aber ein ungeschlossener, so erfüllt er doch die Bedingungen, unter welchen jener Satz auch auf ungeschlossene Leiter ausgedehnt werden darf. Denn da der inducirte Strom immer eine geschlossene Bahn haben muss, kann der ruhende inducirte Leiter nur dadurch zu einem ungeschlossenen gemacht worden sein, dass ein Theil der Bahn des inducirten Stromes mit dem Solenoid zugleich bewegt wird, mit diesem also fest verbunden ist, und daher in Ruhe bleibt, wenn statt des Solenoids der inducirte Leiter entgegengesetzt bewegt wird. — Umgekehrt kann nicht immer, wenn der inducirte Leiter eine

Bewegung hat, dafür die entgegengesetzte des Solenoids substituirt werden; nur dann ist diese Substitution zulässig, wenn der bewegte Leiter ein geschlossener ist, oder der an seinem Schluss fehlende Theil mit dem Solenoid fest verbunden ist, so dass er mit diesem zugleich in Bewegung gesetzt wird. Die Substitution der entgegengesetzten Bewegung des Solenoids statt der Bewegung des inducirten Leiters, wo sie zulässig ist, scheint für die Rechnung zunächst noch keinen Vortheil zu gewähren, weil sie die Berücksichtigung aller Elemente des Solenoidstroms erforderlich macht. Ich werde jetzt aber nachweisen, dass der Inductionsstrom von der Bewegung der Elemente des Solenoidstroms unabhängig ist und, wenn der inducirte Leiter geschlossen ist, [29] allein von der Bewegung der Solenoidpole abhängt. Ist der Leiter nicht geschlossen, so ist zu dem Ausdruck für den durch die Bewegung der Pole inducirten Strom noch ein Glied hinzuzufügen, das allein von der Bewegung der Endpunkte des Leiters um die ruhenden Solenoidpole abhängt, sei es dass der Leiter sich wirklich bewegt oder dass seine Bewegung statt der der Solenoidpole substituirt gedacht wird.

Ich untersuche zuerst den Fall, wo ein Leiter sich unter dem Einfluss eines Solenoids bewegt; dies ist der allgemeinere Fall, da auf ihn sich immer, wie wir gesehen haben, der Fall, wo ein Solenoid in Bezug auf einen ruhenden Leiter bewegt wird, zurückführen lässt. Ich werde die Untersuchung nur für ein Solenoid durchführen, von welchem das eine Ende im Unendlichen liegt. Aus den Formeln für ein solches Solenoid ergeben sich die für ein begrenztes Solenoid von selbst.

Ich bezeichne, wie oben, die Coordinaten des Elements Ds des bewegten Leiters durch x, y, z und die Projectionen von Ds auf diese Coordinaten durch Dx, Dy, Dz. Den Weg, auf welchem Ds bewegt wird, bezeichne ich wieder durch w, sein Element durch dw und die Projectionen von dw auf die Coordinaten x, y, z durch dx, dy, dz. Der Pol des Solenoids habe die Coordinaten $\xi_{,}, \eta_{,}, \zeta_{,}$. Ich werde der Kürze wegen im Folgenden nur von dem Integralstrom sprechen, aus welchem man, wenn er unbestimmt bleibt, d. h. sich nicht auf eine geschlossene Bahn bezieht, durch eine Differentiation nach der Bahn w den Differentialstrom ableitet. Der durch die Bewegung eines Leiters unter dem Einfluss eines Solenoids inducirte Integralstrom ist nach (6) § 3:

$$(1) \quad J = -\varepsilon\varepsilon' \int_{w_0}^{w_1} \mathbf{S} Ds \{X_\sigma dx + Y_\sigma dy + Z_\sigma dz\},$$

wo $X_\sigma Ds$, $Y_\sigma Ds$, $Z_\sigma Ds$ die mit x, y, z parallelen Componenten der Wirkung des ganzen Solenoids auf das Element Ds sind, dieses von der Stromeinheit durchströmt gedacht. Nach den *Ampère*'schen Formeln ist, wenn der eine Pol des Solenoids, wie wir voraussetzen, im Unendlichen liegt,

(2)
$$X_\sigma Ds = \frac{x'}{r^3}\{(z - \zeta_{,})Dy - (y - \eta_{,})Dz\},$$
$$Y_\sigma Ds = \frac{x'}{r^3}\{(x - \xi_{,})Dz - (z - \zeta_{,})Dx\},$$
$$Z_\sigma Ds = \frac{x'}{r^3}\{(y - \eta_{,})Dx - (x - \xi_{,})Dy\},$$

[**30**] wo

(3) $\qquad r^2 = (x - \xi_{,})^2 + (y - \eta_{,})^2 + (z - \zeta_{,})^2,$

und der constante Factor $x' = \frac{1}{2}\alpha\lambda j$ ist, wenn j die Stärke des Solenoidstroms bezeichnet, λ den Querschnitt des Solenoids und α die Anzahl der Umgänge, in welchen der Strom die Einheit der Länge umkreist. Wird der Solenoidpol als magnetischer Pol betrachtet, so bezeichnet x' die Quantität seines freien Magnetismus. Aus diesen Formeln leitet man bekanntlich diejenigen für ein begrenztes Solenoid ab, indem man die entsprechenden Ausdrücke für den zweiten Pol bildet und sie von den vorstehenden abzieht.

Die allgemeinste Form der Abhängigkeit der Coordinaten x, y, z von dem Bogen s und von der Zeit erhält man, wenn ein Coordinatensystem $x_{,}$, $y_{,}$, $z_{,}$ eingeführt wird, welches sich mit dem Leiter zugleich bewegt. Es sei also:

(4)
$$x = \alpha + a\,x_{,} + b\,y_{,} + c\,z_{,},$$
$$y = \beta + a_{,}x_{,} + b_{,}y_{,} + c_{,}z_{,},$$
$$z = \gamma + a_{,,}x_{,} + b_{,,}y_{,} + c_{,,}z_{,},$$

wo α, β, γ beliebige Functionen der Zeit sind, zwischen den neun Coefficienten a, b, c, $a_{,}$ etc. aber, welche gleichfalls unabhängig von s nur Functionen der Zeit sind, die bekannten sechs Relationen stattfinden. Die Werthe von $x_{,}$, $y_{,}$, $z_{,}$ dagegen sind von der Zeit unabhängig und nur Functionen des Bogens s. Die von der Zeit unabhängigen Coordinaten unterscheide ich immer, wie oben schon bemerkt wurde, durch beigesetzte Accente. Es ist demnach:

(5)
$$dx = d\alpha + x,da + y,db + z,dc ,$$
$$dy = d\beta + x,da, + y,db, + z,dc, ,$$
$$dz = d\gamma + x,da_{\prime\prime} + y,db_{\prime\prime} + z,dc_{\prime\prime} ,$$

und

(6)
$$Dx = a\,Dx, + b\,Dy, + c\,Dz, ,$$
$$Dy = a,Dx, + b,Dy, + c,Dz, ,$$
$$Dz = a_{\prime\prime}Dx, + b_{\prime\prime}Dy, + c_{\prime\prime}Dz, .$$

Eliminirt man aus (5) die Coordinaten $x_{\prime\prime}, y_{\prime\prime}, z_{\prime}$ mittels der Gleichungen (4) und führt die Grössen dL, dM, dN mit folgender Bedeutung ein: [31]

(7)
$$dL = a,da_{\prime\prime} + b,db_{\prime\prime} + c,dc_{\prime\prime} = -(a_{\prime\prime}da, + b_{\prime\prime}db, + c_{\prime\prime}dc,) ,$$
$$dM = a_{\prime\prime}da + b_{\prime\prime}db + c_{\prime\prime}dc = -(a\,da_{\prime\prime} + b\,db_{\prime\prime} + c\,dc_{\prime\prime}) ,$$
$$dN = a\,da, + b\,db, + c\,dc, = -(a,da + b,db + c,dc) ,$$

so erhält man z. B. $dx = d\alpha + (z - \gamma)\,dM - (y - \beta)\,dN$, was ich auf die Form $dx = d\lambda + (z - \zeta,)dM - (y - \eta,)dN$ bringe, wo die Grössen $d\lambda, d\mu, d\nu$ durch folgende Gleichungen bestimmt werden:

(8)
$$d\lambda = d\alpha + (\zeta, - \gamma)\,dM - (\eta, - \beta)\,dN ,$$
$$d\mu = d\beta + (\xi, - \alpha)\,dN - (\zeta, - \gamma)\,dL ,$$
$$d\nu = d\gamma + (\eta, - \beta)\,dL - (\xi, - \alpha)\,dM.$$

Die Werthe von dx, dy, dz werden hiernach:

(9)
$$dx = d\lambda + (z - \zeta,)\,dM - (y - \eta,)\,dN ,$$
$$dy = d\mu + (x - \xi,)\,dN - (z - \zeta,)\,dL ,$$
$$dz = d\nu + (y - \eta,)\,dL - (x - \xi,)\,dM.$$

Die durch (7) und (8) eingeführten Grössen haben eine einfache geometrische Bedeutung. Nämlich dL, dM, dN sind die während des Zeitelements um die Axen x, y, z beschriebenen Drehungswinkel des Leiters, und $d\lambda, d\mu, d\nu$ die mit den Coordinaten x, y, z parallelen Verrückungen, welche der Pol des Solenoids beschreiben würde, wenn er sich mit dem Leiter zugleich bewegte. Die Gleichungen (9) setzen also die momentanen Verrückungen eines jeden Elements des bewegten Leiters aus denjenigen zusammen, welche der Pol, wenn er mit ihm verbunden wäre, erleiden würde, und aus denjenigen, welche durch die Drehungen des Leiters um den Pol entstehen.

Durch die Substitution der Werthe von dx, dy, dz aus (9) in die Gleichung (1) zerfällt der Ausdruck von J von selber in zwei Theile, von denen der erste allein von den Componenten der fortschreitenden Bewegung $d\lambda$, $d\mu$, $d\nu$, der andere von den Componenten der Drehung dL, dM, dN abhängt. Ich bezeichne den ersten Theil durch J_p, den zweiten durch J_d. Hat der Leiter nur eine fortschreitende Bewegung, so dass er immer mit sich parallel bleibt, so ist $J_d = 0$, und hat er nur eine um den ruhenden Solenoidpol stattfindende drehende Bewegung, so ist $J_p = 0$. Allgemein ist [**32**]

(10) $\quad J_p = -\varepsilon\varepsilon'\int_{w_0}^{w_1} \mathbf{S} Ds \{X_\sigma d\lambda + Y_\sigma d\mu + Z_\sigma d\nu\}$,

(11) $\quad J_d = -\varepsilon\varepsilon'\int_{w_0}^{w_1} \mathbf{S} Ds \begin{Bmatrix} X_\sigma\{(z-\zeta_,)dM - (y-\eta_,)dN\} \\ + Y_\sigma\{(x-\xi_,)dN - (z-\zeta_,)dL\} \\ + Z_\sigma\{(y-\eta_,)dL - (x-\xi_,)dM\} \end{Bmatrix}$

und

$$J = J_p + J_d \ .$$

Ich werde zuerst den Ausdruck von J_p weiter entwickeln. Ich substituire darin die Ausdrücke von X_σ, Y_σ, Z_σ aus (2) und setze für Dx, Dy, Dz ihre Werthe aus (6); ich ordne das Resultat nach $Dx_,$, $Dy_,$ und $Dz_,$ und gebe ihm die Form:

(12) $\quad J_p = -\varepsilon\varepsilon'\varkappa'\int_{w_0}^{w_1} \mathbf{S}(A.Dx_, + B.Dy_, + C.Dz_,)$,

wo

(13) $\quad A = \frac{1}{r^3}\begin{Bmatrix} \{(z-\zeta_,)a_, - (y-\eta_,)a_{,,}\}d\lambda \\ + \{(x-\xi_,)a_{,,} - (z-\zeta_,)a\}d\mu \\ + \{(y-\eta_,)a - (x-\xi_,)a_,\}d\nu \end{Bmatrix}$,

woraus man B und C durch Vertauschung von $a, a_,, a_{,,}$ resp. mit $b, b_,, b_{,,}$ und $c, c_,, c_{,,}$ erhält. Es sind nun hierin die Werthe von x, y, z aus (4) zu setzen. Dadurch wird zunächst $r^2 = (x-\xi_,)^2 + (y-\eta_,)^2 + (z-\zeta_,)^2$ in

(14) $\quad r^2 = (x_, - \xi)^2 + (y_, - \eta)^2 + (z_, - \zeta)^2$

verwandelt, wo ξ, η, ζ die Bedeutung haben:

(15) $\quad \begin{aligned} \xi &= a(\xi_, - \alpha) + a_,(\eta_, - \beta) + a_{,,}(\zeta_, - \gamma) \ , \\ \eta &= b(\xi_, - \alpha) + b_,(\eta_, - \beta) + b_{,,}(\zeta_, - \gamma) \ , \\ \zeta &= c(\xi_, - \alpha) + c_,(\eta_, - \beta) + c_{,,}(\zeta_, - \gamma) \ . \end{aligned}$

Der Factor von $\frac{1}{r^3}$ in (13) erhält folgenden Werth:

16) $\{(\gamma - \zeta_{,})a_{,} - (\beta - \eta_{,})a_{,,} + y_{,}(a_{,}b_{,,} - a_{,,}b_{,}) - z_{,}(a_{,,}c_{,} - a_{,}c_{,,})\}d\lambda$
$+ \{(\alpha - \xi_{,})a_{,,} - (\gamma - \zeta_{,})a + y_{,}(a_{,,}b - ab_{,,}) - z_{,}(ac_{,,} - a_{,,}c)\}d\mu$
$+ \{(\beta - \eta_{,})a - (\alpha - \xi_{,})a_{,} + y_{,}(ab_{,} - a_{,}b) - z_{,}(a_{,}c - ac_{,})\}d\nu$.

Aus den zwischen den neun Grössen $a, b, c, a,$ etc. stattfindenden Relationen folgt: [33]

(17) $\begin{array}{lll} a_{,}b_{,,} - a_{,,}b_{,} = c, & a_{,,}c_{,} - a_{,}c_{,,} = b, & b_{,}c_{,,} - b_{,,}c_{,} = a, \\ a_{,,}b - ab_{,,} = c_{,}, & ac_{,,} - a_{,,}c = b_{,}, & b_{,,}c - bc_{,,} = a_{,}, \\ ab_{,} - a_{,}b = c_{,,}, & a_{,}c - ac_{,} = b_{,,}, & bc_{,} - b_{,}c = a_{,,}. \end{array}$

In den allgemeinen Transformationsformeln der Coordinaten können die Grössen rechts auch mit dem Minuszeichen behaftet werden; wenn aber das eine System durch Bewegung des andern erhalten wird, gelten nur die Formeln (17). Diese verwandeln den Ausdruck (16) in folgenden:

$\{(\gamma - \zeta_{,})a_{,} - (\beta - \eta_{,})a_{,,} + y_{,}c - z_{,}b\}d\lambda$
$+ \{(\alpha - \xi_{,})a_{,,} - (\gamma - \zeta_{,})a + y_{,}c_{,} - z_{,}b_{,}\}d\mu$
$+ \{(\beta - \eta_{,})a - (\alpha - \xi_{,})a_{,} + y_{,}c_{,,} - z_{,}b_{,,}\}d\nu$,

und eliminirt man hieraus $\alpha - \xi_{,}, \beta - \eta_{,}, \gamma - \zeta_{,}$ mittels der Gleichungen (15) mit Benutzung von (17), so erhält man dafür:

$\{c(y_{,} - \eta) - b(z_{,} - \zeta)\}d\lambda + \{c_{,}(y_{,} - \eta) - b_{,}(z_{,} - \zeta)\}d\mu$
$+ \{c_{,,}(y_{,} - \eta) - b_{,,}(z_{,} - \zeta)\}d\nu$.

Ich setze

(18) $\begin{array}{l} ad\lambda + a_{,}d\mu + a_{,,}d\nu = dl, \\ bd\lambda + b_{,}d\mu + b_{,,}d\nu = dm, \\ cd\lambda + c_{,}d\mu + c_{,,}d\nu = dn, \end{array}$

wodurch der vorstehende Ausdruck (13) sich in den folgenden einfachen Ausdruck verwandelt:

$$A = \frac{1}{r^3}\{(y_{,} - \eta)dn - (z_{,} - \zeta)dm\}.$$

In gleicher Weise erhält man

$$B = \frac{1}{r^3}\{(z_{,} - \zeta)dl - (x_{,} - \xi)dn\},$$
$$C = \frac{1}{r^3}\{(x_{,} - \xi)dm - (y_{,} - \eta)dl\},$$

und diese Werthe in (12) gesetzt geben

$$J_p = -\varepsilon\varepsilon'\varkappa'\int_{w_0}^{w_1} S \frac{1}{r^3} \left\{ \begin{array}{l} \{(z,-\zeta)Dy,-(y,-\eta)Dz,\}dl \\ +\{(x,-\xi)Dz,-(z,-\zeta)Dx,\}dm \\ +\{(y,-\eta)Dx,-(x,-\xi)Dy,\}dn \end{array} \right\}.$$

Nun sind nach (8) $d\lambda$, $d\mu$, $d\nu$ die elementaren Verrückungen, welche der Pol parallel mit x, y, z erfuhre, wenn er mit dem Leiter s fest verbunden [34] und mit ihm zugleich bewegt würde. Hieraus folgt, dass dl, dm, dn die Verrückungen bezeichnen, welche der Pol, wenn er gleichzeitig mit dem Leiter bewegt wird, parallel mit den Coordinatenaxen $x,$, $y,$, $z,$ erfährt, oder die Projectionen des Weges, welchen er in einem Zeitelement beschreibt, auf diese Coordinatenaxen. Nach (15) sind ξ, η, ζ die Coordinaten des Pols, parallel mit $x,$, $y,$, $z,$, wenn der Pol nicht in der eben bezeichneten Richtung, sondern in der entgegengesetzten bewegt wird. Also sind dl, dm, dn die negativen Veränderungen, welche ξ, η, ζ erleiden, wenn in ihren Ausdrücken die Zeit um ein Element wächst, oder es ist

$$dl = -d\xi, \quad dm = -d\eta, \quad dn = -d\zeta.$$

Diese Gleichungen lassen sich übrigens auch direct aus den Gleichungen (15) und (8) ableiten. Demnach verwandelt sich der vorstehende Ausdruck von J_p in folgenden:

$$(19)\quad J_p = -\varepsilon\varepsilon'\varkappa'\int_{w_0}^{w_1} S \frac{1}{r^3} \left\{ \begin{array}{l} \{(y,-\eta)Dz,-(z,-\zeta)Dy,\}d\xi \\ +\{(z,-\zeta)Dx,-(x,-\xi)Dz,\}d\eta \\ +\{(x,-\xi)Dy,-(y,-\eta)Dx,\}d\zeta \end{array} \right\}.$$

Bezeichnet man mit X_p, Y_p, Z_p die Componenten der Wirkung des ganzen ruhenden Leiters auf den Solenoidpol, d. h. setzt man

$$(20)\quad \begin{aligned} X_p &= S\frac{1}{r^3}\{(y,-\eta)Dz,-(z,-\zeta)Dy,\}, \\ Y_p &= S\frac{1}{r^3}\{(z,-\zeta)Dx,-(x,-\xi)Dz,\}, \\ Z_p &= S\frac{1}{r^3}\{(x,-\xi)Dy,-(y,-\eta)Dx,\}, \end{aligned}$$

so wird

$$(21)\quad J_p = -\varepsilon\varepsilon'\varkappa'\int_{w_0}^{w_1} \{X_p d\xi + Y_p d\eta + Z_p d\zeta\},$$

und der dem Strome J_p angehörige Differentialstrom, welchen ich durch D_p bezeichne, ist

$$(22)\quad D_p = -\varepsilon\varepsilon'\varkappa'\{X_p d\xi + Y_p d\eta + Z_p d\zeta\}.$$

Aus der ganzen vorstehenden Untersuchung ergiebt sich nun Folgendes. Die Bewegung eines Leiters unter dem Einfluss eines Solenoidpols kann zusammengesetzt gedacht werden: 1) aus einer allen seinen Elementen [35] gemeinschaftlichen Bewegung und zwar derjenigen, welche der Pol haben würde, wenn er sich mit dem Leiter zugleich und mit ihm fest verbunden bewegte; 2) aus einer um den ruhenden Pol stattfindenden Drehung. **Der Theil des ganzen Inductionsstroms, welcher durch den ersten Theil der Bewegung des Leiters hervorgerufen wird, wo derselbe nur parallel mit sich selbst fortschreitet, ist derselbe, der erregt wird, wenn der Leiter ruht und der Pol sich in entgegengesetzter Richtung bewegt, ferner die elektromotorische Kraft des erregten Differentialstroms gleichgesetzt wird der Geschwindigkeit des Pols multiplicirt mit der negativen in der Richtung der Bewegung des Pols gemessenen Wirkung des Leiters auf den Pol, die Stromstärke im ruhenden Leiter $= \varepsilon$ gesetzt.**

Man darf jedoch aus diesem Satz für sich noch nicht schliessen, dass die Substitution der Bewegung des Pols statt der parallel fortschreitenden Bewegung des Leiters experimentell zulässig ist, wiewohl sich dies unter einer einschränkenden Bedingung sofort aus dem folgenden § ergeben wird.

Was nun den zweiten Theil der ganzen Induction des unter dem Einfluss eines Pols bewegten Leiters betrifft, der aus seiner drehenden Bewegung entsteht, und dessen Integralwerth wir mit J_d bezeichnet haben, dessen Differentialwerth also mit D_d zu bezeichnen ist, so nimmt sein Ausdruck in (11), wenn er nach dL, dM, dN geordnet wird, die Form an:

$$(23) \quad J_d = -\varepsilon\varepsilon' \int \mathbf{S} Ds \begin{cases} \{Z_\sigma(y-\eta_i) - Y_\sigma(z-\zeta_i)\}dL \\ +\{X_\sigma(z-\zeta_i) - Z_\sigma(x-\xi_i)\}dM \\ +\{Y_\sigma(x-\xi_i) - X_\sigma(y-\eta_i)\}dN \end{cases}.$$

Betrachten wir zuerst den von dL abhängigen Theil

$$-\varepsilon\varepsilon' \int \mathbf{S}\{Z_\sigma(y-\eta_i) - Y_\sigma(z-\zeta_i)\}dL\,Ds \; ,$$

und setzen darin die Werthe von Z_σ und Y_σ aus (2), so wird derselbe:

$$-\varepsilon\varepsilon'\varkappa'\int S \frac{1}{r^3}\bigl\{\bigl((x-\xi_,)^2+(y-\eta_,)^2+(z-\zeta_,)^2\bigr)Dx$$
$$-(x-\xi_,)\bigl((x-\xi_,)Dx+(y-\eta_,)Dy+(z-\zeta_,)Dz\bigr)\bigr\}dL.$$

Die in dL multiplicirte Grösse unter dem Integralzeichen S, welches sich auf den Bogen s bezieht, ist das vollständige Differential von $\frac{x-\xi_,}{r}$ nach dem [36] Bogen s. Bezeichnet man die Differenz der Werthe, welche $\frac{x-\xi_,}{r}$ für die Endpunkte des Bogens s annimmt, durch $\left[\frac{x-\xi_,}{r}\right]$, so verwandelt sich der vorstehende Ausdruck in

$$-\varepsilon\varepsilon'\varkappa'\int\left[\frac{x-\xi_,}{r}\right]dL.$$

Bedient man sich immer derselben Klammern zur Bezeichnung der Differenz der auf die Endpunkte des Bogens sich beziehenden Werthe, und braucht für die von dM und dN abhängigen Glieder in (23) eine ähnliche Reduction, so erhält man

(24) $\quad J_d = -\varepsilon\varepsilon'\varkappa'\int\left[\frac{x-\xi_,}{r}dL+\frac{y-\eta_,}{r}dM+\frac{z-\zeta_,}{r}dN\right],$

und also

(25) $\quad D_d = -\varepsilon\varepsilon'\varkappa'\left[\frac{x-\xi_,}{r}dL+\frac{y-\eta_,}{r}dM+\frac{z-\zeta_,}{r}dN\right].$

Wenn der Bogen des Leiters s geschlossen ist, so verschwindet der in die Klammern eingeschlossene Ausdruck, weil die Endpunkte des Bogens s zusammenfallen, und es wird demnach $D_d = 0$. Hieraus ergeben sich folgende Sätze:

I. **Wenn der Leiter, welcher unter dem Einfluss eines Solenoidpols bewegt wird, eine geschlossene Curve bildet, so verschwindet der von seiner Drehung herrührende Antheil des inducirten Stroms, und es wird dann derselbe Strom inducirt, als hätte der Leiter nur eine fortschreitende Bewegung, in welcher er parallel mit sich selbst bleibt, und zwar diejenige, welche der Pol haben würde, wenn er sich zugleich mit dem Leiter und mit ihm fest verbunden bewegte.**

Diese fortschreitende Bewegung verschwindet, wenn der Leiter nur eine drehende Bewegung, und zwar um eine durch den Pol selbst gehende Axe hat. Hieraus ergiebt sich:

II. **In einem geschlossenen Leiter, der sich um eine Axe dreht, in welcher der Pol eines Solenoids liegt, wird durch diesen Pol kein Strom inducirt.** Dasselbe gilt, wenn in der Drehungsaxe mehrere Pole liegen. Daraus folgt:

III. **In einem geschlossenen Leiter, der sich um die Axe eines begrenzten Solenoids dreht, wird durch das Solenoid kein Strom inducirt.** [37]

IV. **In einem ungeschlossenen Leiter, der sich unter dem Einfluss eines Solenoidpols bewegt, rührt ein Theil des inducirten Stroms von der drehenden Bewegung des Leiters her; dieser Theil ist aber von der Gestalt des Leiters unabhängig, und allein durch die Bewegung seiner Endpunkte bestimmt.**

Bezeichnet man mit $d\psi$ das Element des Drehungswinkels, welches während eines Zeitelements beschrieben wird, so dass $d\psi = \sqrt{dL^2 + dM^2 + dN^2}$, und nennt l, m, n die Winkel, welche die Drehungsaxe mit den Coordinaten x, y, z bildet, so dass $dL = \cos l\, d\psi,\ dM = \cos m\, d\psi,\ dN = \cos n\, d\psi$, so verwandelt sich die Formel (25) in die folgende:

$$(26)\quad D_d = -\varepsilon\varepsilon'\varkappa'\left[\frac{x-\xi}{r}\cos l + \frac{y-\eta}{r}\cos m + \frac{z-\zeta}{r}\cos n\right]d\psi.$$

Der Differentialstrom ist also gleich dem Producte aus $-\varepsilon\varepsilon'\varkappa'$ und dem Elemente $d\psi$ des Drehungswinkels, multiplicirt mit der Differenz der Cosinusse der Winkel, welche die Drehungsaxe mit den beiden von dem ruhenden Pole nach den bewegten Endpunkten des Bogens s gezogenen Linien bildet.

Man kann die Ausdrücke in (24), (25) und (26) auch noch dadurch transformiren, dass der Leiter mit seinen Endpunkten ruhend und der Pol bewegt gedacht wird. Zu dem Ende nenne man $dL_{,}, dM_{,}, dN_{,}$ die elementaren Drehungswinkel um die Axen der Coordinaten $x_{,}, y_{,}, z_{,}$, so dass

$$dL = a\, dL_{,} + b\, dM_{,} + c\, dN_{,},$$
$$dM = a_{,} dL_{,} + b_{,} dM_{,} + c_{,} dN_{,},$$
$$dN = a_{,,} dL_{,} + b_{,,} dM_{,} + c_{,,} dN_{,}.$$

Setzt man diese Werthe in (24), (25) und zugleich statt x, y, z ihre Werthe aus (4,), und drückt die Grössen $\xi_{,}, \eta_{,}, \zeta_{,}$ mittels (15) durch ξ, η, ζ aus, so ergiebt sich

(27) $D_d = -\varepsilon\varepsilon'\varkappa'\left[\frac{x_i-\xi}{r}dL_i + \frac{y_i-\eta}{r}dM_i + \frac{z_i-\zeta}{r}dN_i\right]$,

(28) $J_d = -\varepsilon\varepsilon'\varkappa'\int\left[\frac{x_i-\xi}{r}dL_i + \frac{y_i-\eta}{r}dM_i + \frac{z_i-\zeta}{r}dN_i\right]$,

oder wenn $dL_i = \cos l' d\psi$, $dM_i = \cos m' d\psi$, $dN_i = \cos n' d\psi$ substituirt wird,

(29) $D_d = -\varepsilon\varepsilon'\varkappa'\left[\frac{x_i-\xi}{r}\cos l' + \frac{y_i-\eta}{r}\cos m' + \frac{z_i-\zeta}{r}\cos n'\right]d\psi$.

[38] Der Differentialstrom D_d ist also gleich dem Producte aus $-\varepsilon\varepsilon'\varkappa'd\psi$ und der Differenz der Cosinusse der Winkel, welche die Drehungsaxe mit den beiden Linien bildet, welche von den Endpunkten des Leiters nach dem Pol gezogen werden, wenn man den Leiter mit seinen Endpunkten ruhen lässt und dem Pole die entgegengesetzte Bewegung von derjenigen giebt, welche er bei einer festen Verbindung mit dem bewegten Leiter gehabt haben würde.

§ 6.

Im vorigen § wurden die allgemeinen Formeln für die Werthe des Inductionsstroms entwickelt, welcher erregt wird, wenn ein Leiter sich unter dem Einfluss eines Pols bewegt. Die Nachweisung, dass statt der Bewegung des Leiters immer die entgegengesetzte des Pols substituirt werden und er selbst als ruhend angesehen werden kann, hat zunächst nur eine analytische Bedeutung, d. h. sie gewährt zunächst nur den Rechnungsvortheil, dass der von der Bewegung der einzelnen Elemente des Leiters abhängige Werth des Inductionsstroms dadurch von der blossen Bewegung eines Punktes abhängig gemacht wird. Aber es lässt sich leicht nachweisen, dass die Substitution der entgegengesetzten Bewegung des Leiters auch experimentell zulässig ist.

Wenn nämlich ein Solenoidstrom sich gegen einen ruhenden Leiter bewegt, so wird nach § 4 derselbe Strom inducirt, wie wenn der Solenoidstrom ruht und dem Leiter die entgegengesetzte Bewegung ertheilt wird. Es kann also die entgegengesetzte Bewegung des Leiters statt der Bewegung des Solenoids experimentell substituirt werden. Nach der Bemerkung im Eingange des § 5 ist diese Substitution zulässig, der Leiter mag eine geschlossene Curve bilden oder nicht. Nun kann die substituirte

Bewegung des Leiters in dem Fall, dass der eine Pol des Solenoids im Unendlichen liegt, analytisch wieder durch die ihr entgegengesetzte Bewegung, welche man dem im Endlichen liegenden Pol des Solenoids ertheilt, ersetzt werden. Diese Bewegung des Pols ist aber dieselbe, die er ursprünglich wirklich besass. Hieraus geht aber dreierlei hervor:

1. dass die Induction, welche durch ein bewegtes Solenoid hervorgebracht wird, allein von der Bewegung der Pole abhängt;

2. dass die analytische Substitution der entgegengesetzten Bewegung des Pols statt der Bewegung des Leiters, zu welcher der vorige § führte, [39] auch experimentell zulässig ist, wenn die Anordnung getroffen ist, dass dadurch die Länge des inducirten Leiters keine Aenderung erleidet.

3. dass die Werthe der durch die Bewegung eines Solenoidpols in einem ruhenden Leiter inducirten Ströme durch die Formeln (21), (22), (27), (28), (29) des vorigen § ausgedrückt sind.

Aus dem zuletzt Bemerkten ergiebt sich, dass, wenn ein Solenoidpol in Bezug auf einen ruhenden Leiter bewegt wird, in seiner Bewegung, obwohl er nur als ein Punkt betrachtet wird, doch die fortschreitende und die drehende unterschieden werden muss. Die Werthe des ganzen inducirten Stroms sollen, ähnlich wie oben, durch D' und J', und die Werthe der Theile, die von der fortschreitenden und von der drehenden Bewegung der Pole herrühren, durch D'_p, J'_p und durch D'_d, J'_d bezeichnet werden, so dass $D' = D'_p + D'_d$ und $J' = J'_p + J'_d$. Die mit der Zeit variabeln Coordinaten des Pols seien ξ, η, ζ; er bewege sich auf der Curve w, deren Element dw die Projectionen $d\xi$, $d\eta$, $d\zeta$ habe. Die mit den Coordinaten parallelen Componenten der Wirkung, welche der ganze ruhende Leiter, durchströmt von der Einheit des Stroms, auf den Pol ausübt, seien X_p, Y_p, Z_p. Dann ist nach (21) und (22) des vorigen §:

(1) $\qquad D'_p = -\varepsilon\varepsilon'\varkappa' \{X_p d\xi + Y_p d\eta + Z_p d\zeta\}$,

(2) $\qquad J'_p = -\varepsilon\varepsilon'\varkappa' \int \{X_p d\xi + Y_p d\eta + Z_p d\zeta\}$.

Dies sind die Werthe des durch die fortschreitende Bewegung des Pols inducirten Stroms. Erleidet der Pol nun aber auf seiner Bahn noch eine Drehung um sich selbst, so entsteht ein zweiter Strom, dessen Werthe mit D'_d oder J'_d bezeichnet werden, je nachdem der Differentialstrom oder Integralstrom gemeint ist. Es bilde die Drehungsaxe mit den Coordinaten ξ, η, ζ die Winkel

l', m', n' und der elementare Drehungswinkel sei $d\psi$, dann ist nach (29) des vorigen §:

(3) $\quad D'_d = -\varepsilon\varepsilon'\varkappa'\left[\dfrac{x_{,}-\xi}{r}\cos l' + \dfrac{y_{,}-\eta}{r}\cos m' + \dfrac{z_{,}-\zeta}{r}\cos n'\right]d\psi$,

(4) $\quad J'_d = -\varepsilon\varepsilon'\varkappa'\int\left[\dfrac{x_{,}-\xi}{r}\cos l' + \dfrac{y_{,}-\eta}{r}\cos m' + \dfrac{z_{,}-\zeta}{r}\cos n'\right]d\psi$,

wo durch die eckigen Klammern immer die Differenz je zweier Werthe bezeichnet wird, welche sich auf den Anfangspunkt und Endpunkt des inducirten Leiters beziehen.

[40] Die Ausdrücke D'_d und J'_d sind immer $= 0$, wenn der Leiter eine geschlossene Curve bildet. Hieraus folgt:

Wenn ein Solenoidpol sich gegen einen ruhenden Leiter, welcher eine geschlossene Curve bildet, bewegt, so hängt sein Inductionsstrom allein von seiner fortschreitenden Bewegung ab. Ferner:

Ein Pol, welcher keine fortschreitende Bewegung besitzt, inducirt in einem geschlossenen Leiter keinen Strom. Ferner:

Ein Pol inducirt in einem nicht geschlossenen ruhenden Leiter einen Strom, ohne seinen Ort zu verlassen, allein durch seine Drehung um sich selbst.

In dem letzten Satze liegt der Aufschluss über alle die Inductionserscheinungen, welche durch die Drehung eines Magneten um seine Axe hervorgebracht werden, über diejenigen z. B., denen *Weber* den Namen unipolare Induction gegeben hat.

§ 7.

Ich werde jetzt die Resultate der vorhergehenden §§ zur Bestimmung der Inductionsströme, welche durch Magnete erregt werden, anwenden. Dieser Anwendung liegt die Ansicht der *Ampère*'schen Theorie zum Grunde, dass ein Magnet ein System von unendlich vielen unendlich kleinen Solenoiden ist. In der Terminologie der Theorie des Magnetismus wird ein unendlich kleines Solenoid als magnetisches Atom bezeichnet; beide Ausdrücke betrachte ich als gleich.

Ich bestimme zunächst den Inductionsstrom, welcher durch ein sehr kleines Solenoid in einem Leiter erregt wird, der sich gegen das ruhende Solenoid bewegt. Der Bogen des Leiters ist s, sein Element Ds hat die Coordinaten x, y, z; es bewegt sich auf der Curve w, deren Element dw die Projectionen dx, dy, dz hat. Die Coordinaten des Pols des Solenoids, welcher, wenn es beweglich wäre, sich nach Süden richten würde, sind $\xi_{,}, \eta_{,}, \zeta_{,}$, und die Coordinaten des andern Pols: $\xi_{,} + \alpha, \eta_{,} + \beta, \zeta_{,} + \gamma$, wo α, β, γ so kleine Werthe besitzen, dass in der Entwickelung einer Function von $\xi_{,}, \eta_{,}, \zeta_{,}$ nach der *Taylor*'schen Reihe ihrer höheren Potenzen vernachlässigt werden können. Die Intensität der Pole $\xi_{,}, \eta_{,}, \zeta_{,}$ und $\xi_{,} + \alpha, \eta_{,} + \beta,$ [41] $\zeta_{,} + \gamma$ wird durch $\varkappa'$ und $-\varkappa'$ bezeichnet; in der Theorie des Magnetismus heisst $\varkappa'$ und $-\varkappa'$ die Quantität des freien nördlichen und südlichen Magnetismus des magnetischen Atoms. Ich werde der Kürze wegen im Folgenden immer nur die Ausdrücke für den Integralstrom angeben, aus welchen sich durch eine Differentiation die des Differentialstroms ergeben.

Nach (1) § 5 ist der in dem Leiter durch den Pol ($\xi_{,}, \eta_{,}, \zeta_{,}$) inducirte Integralstrom

$$(1) \qquad J = -\varepsilon\varepsilon' \int_{w_0}^{w_1} \mathbf{S}\, Ds\, \{X_\sigma dx + Y_\sigma dy + Z_\sigma dz\},$$

wo $X_\sigma Ds, Y_\sigma Ds, Z_\sigma Ds$ die mit x, y, z parallelen Componenten der Wirkung bezeichnen, welche der Pol ($\xi_{,}, \eta_{,}, \zeta_{,}$) auf die Einheit des Stroms in Ds ausübt. Die Werthe dieser Grössen sind in (2) § 5 angegeben. Setzt man im vorstehenden Ausdruck $\xi_{,} + \alpha, \eta_{,} + \beta, \zeta_{,} + \gamma$ statt $\xi_{,}, \eta_{,}, \zeta_{,}$ und giebt ihm das entgegengesetzte Vorzeichen, so erhält man den von dem zweiten Pol des Solenoids inducirten Strom. Die Summe beider Ströme, welche ich durch $J^{(a)}$ bezeichne, ist der Inductionsstrom des magnetischen Atoms. Entwickelt man diese Summe nach der *Taylor*'schen Reihe und berücksichtigt nur die ersten Potenzen von α, β, γ, so ergiebt sich

$$(2) \qquad J^{(a)} = +\frac{\varepsilon\varepsilon'}{\varkappa'} \int_{w_0}^{w_1} \mathbf{S} Ds \left\{ \begin{array}{l} \left(a\frac{dX_\sigma}{d\xi_{,}} + b\frac{dX_\sigma}{d\eta_{,}} + c\frac{dX_\sigma}{d\zeta_{,}}\right) dx \\ + \left(a\frac{dY_\sigma}{d\xi_{,}} + b\frac{dY_\sigma}{d\eta_{,}} + c\frac{dY_\sigma}{d\zeta_{,}}\right) dy \\ + \left(a\frac{dZ_\sigma}{d\xi_{,}} + b\frac{dZ_\sigma}{d\eta_{,}} + c\frac{dZ_\sigma}{d\zeta_{,}}\right) dz \end{array} \right\}$$

wo $a = \varkappa'\alpha, b = \varkappa'\beta, c = \varkappa'\gamma$ gesetzt ist, und die partielle Differentiation durch die Charakteristik d bezeichnet wird. Der gemeinschaftliche Divisor $\varkappa'$ vor dem Integralzeichen fällt bei Einführung der Werthe von $X_\sigma, Y_\sigma, Z_\sigma$, welche den gemeinschaftlichen Factor $\varkappa'$ haben, fort. Die Grössen a, b, c heissen nach der von *Gauss* eingeführten Benennung die magnetischen Momente des Atomes.

Ich beschreibe um $\xi_{,}$, $\eta_{,}$, $\zeta_{,}$ einen kleinen Raum $\varDelta v$, der jedoch viele magnetische Atome enthält, und bezeichne mit $J^{(e)}$ die Summe aller von denselben erregten Inductionsströme. Durch a', b', c' bezeichne ich das arithmetische Mittel der Werthe von a, b, c, welche den verschiedenen in [42] $\varDelta v$ enthaltenen Solenoiden angehören, und mit $n \varDelta v$ die Anzahl dieser Solenoide: dann erhält man jene Summe $J^{(e)}$ bis auf Grössen zweiter Ordnung, die vernachlässigt werden müssen, wenn man statt a, b, c in (2) a', b', c' setzt und das Glied rechter Hand mit $n \varDelta v$ multiplicirt. Ich setze statt na', nb', nc' respective α', β', γ'. Es sind dies die drei magnetischen Momente des in der Raumeinheit befindlichen Magnetismus, wenn in dieser eine gleichförmige Vertheilung von magnetischen Atomen in der nämlichen Dichtigkeit wie in $\varDelta v$ stattfindet, und die magnetischen Momente eines jeden derselben denselben Werth haben als die arithmetischen Mittel der Momente der Atome in $\varDelta v$. Demnach wird der Inductionsstrom, welcher durch das Element $\varDelta v$ erregt wird:

$$(3) \quad J^{(e)} = \frac{\varepsilon \varepsilon'}{\varkappa'} \int_{w_0}^{w_1} S \left\{ \begin{array}{l} \left(\alpha' \frac{dX_\sigma}{d\xi_{,}} + \beta' \frac{dX_\sigma}{d\eta_{,}} + \gamma' \frac{dX_\sigma}{d\zeta_{,}} \right) dx \\ + \left(\alpha' \frac{dY_\sigma}{d\xi_{,}} + \beta' \frac{dY_\sigma}{d\eta_{,}} + \gamma' \frac{dY_\sigma}{d\zeta_{,}} \right) dy \\ + \left(\alpha' \frac{dZ_\sigma}{d\xi_{,}} + \beta' \frac{dZ_\sigma}{d\eta_{,}} + \gamma' \frac{dZ_\sigma}{d\zeta_{,}} \right) dz \end{array} \right\} Ds \varDelta v.$$

Die Summation dieses Ausdrucks in Bezug auf $\varDelta v$, auf den ganzen Magneten ausgedehnt, giebt den ganzen von ihm inducirten Integralstrom, welchen ich mit $J^{(m)}$ bezeichne. Die magnetischen Momente α', β', γ' sind in diesem Ausdrucke als stetige Functionen der Ordinaten $\xi_{,}$, $\eta_{,}$, $\zeta_{,}$ des Elements $\varDelta v$ zu betrachten, wodurch sich wegen der Kleinheit von $\varDelta v$ die Summe nach $\varDelta v$ in ein dreifaches Integral verwandelt, welches, ausgedehnt auf den ganzen Magneten, durch Σ bezeichnet werden soll. Diese dreifache Integration, werde ich zeigen, kann immer durch eine doppelte nach der Oberfläche des Magneten ersetzt werden.

Ich setze aus (2) § 5 die Werthe für X_σ, Y_σ, Z_σ, und zwar in folgender Form:

$$(4) \begin{cases} X_\sigma Ds = \varkappa' \left\{ \frac{d\frac{1}{r}}{d\zeta_,} Dy - \frac{d\frac{1}{r}}{d\eta_,} Dz \right\}, \\ Y_\sigma Ds = \varkappa' \left\{ \frac{d\frac{1}{r}}{d\xi_,} Dz - \frac{d\frac{1}{r}}{d\zeta_,} Dx \right\}, \\ Z_\sigma Ds = \varkappa' \left\{ \frac{d\frac{1}{r}}{d\eta_,} Dx - \frac{d\frac{1}{r}}{d\xi_,} Dy \right\}, \end{cases}$$

wo
$$r^2 = (x - \xi_,)^2 + (y - \eta_,)^2 + (z - \zeta_,)^2.$$

[43] Setzt man der Kürze wegen

$$P = \alpha' \frac{d\frac{1}{r}}{d\xi_,} + \beta' \frac{d\frac{1}{r}}{d\eta_,} + \gamma' \frac{d\frac{1}{r}}{d\zeta_,},$$

so ergiebt sich aus (3):

$$(5) \quad J^{(e)} = \varepsilon\varepsilon' \int_{w_0}^{w_1} S \begin{cases} (dy\,Dz - dz\,Dy) \frac{dP}{d\xi_,} \\ + (dz\,Dx - dx\,Dz) \frac{dP}{d\eta_,} \\ + (dx\,Dy - dy\,Dx) \frac{dP}{d\zeta_,} \end{cases} \varDelta v.$$

Ich setze $\varDelta v = D\xi_, D\eta_, D\zeta_,$ und führe eine Grösse Q ein, welche durch die Gleichung

$$(6) \quad Q = \Sigma \left\{ \alpha' \frac{d\frac{1}{r}}{d\xi_,} + \beta' \frac{d\frac{1}{r}}{d\eta_,} + \gamma' \frac{d\frac{1}{r}}{d\zeta_,} \right\} D\xi_, D\eta_, D\zeta_,$$

definirt wird. Man erhält dann, wenn man in (5) statt der partiellen Differentialquotienten nach $\xi_,$, $\eta_,$, $\zeta_,$ die negativen nach x, y, z setzt,

$$(7) \quad J^{(m)} = -\varepsilon\varepsilon' \int_{w_0}^{w_1} S \begin{cases} (dy\,Dz - dz\,Dy) \frac{dQ}{dx} \\ + (dz\,Dx - dx\,Dz) \frac{dQ}{dy} \\ + (dx\,Dy - dy\,Dx) \frac{dQ}{dz} \end{cases}.$$

Wenn durch $X_m Ds$, $Y_m Ds$, $Z_m Ds$ die Componenten der Wirkung bezeichnet werden, welche der ganze Magnet auf die Einheit des Stroms in Ds ausübt, so dass

$$
\text{(S)} \quad \begin{aligned}
X_m Ds &= \frac{dQ}{dz} Dy - \frac{dQ}{dy} Dz\,, \\
Y_m Ds &= \frac{dQ}{dx} Dz - \frac{dQ}{dz} Dx\,, \\
Z_m Ds &= \frac{dQ}{dy} Dx - \frac{dQ}{dx} Dy\,,
\end{aligned}
$$

so kann man statt (7) schreiben:

$$
\text{(9)} \quad J^{(m)} = -\varepsilon\varepsilon' \int_{w_0}^{w_1} \mathbf{S} Ds \{X_m dx + Y_m dy + Z_m dz\}\,.
$$

Die Grösse Q nenne ich das in Bezug auf einen in dem Punkte (x, y, z) befindlichen Pol stattfindende Potential des Magneten, dessen partielle [44] Differentialquotienten nach x, y, z die Componenten der Wirkung des Magneten auf diesen Pol sind. Von solchem Potential hat *Gauss* gezeigt, dass es in Bezug auf einen ausserhalb des Magneten liegenden Pol immer durch ein Potential der Oberfläche des Magneten ersetzt werden kann, und dass die entsprechende auf dieser Oberfläche anzunehmende Vertheilung des Magnetismus vollkommen bestimmt und nur auf eine einzige Art möglich ist. Nennen wir $\varkappa$ die Dicke, welche man der magnetischen Oberfläche ertheilen muss, $D\omega$ das Element der Oberfläche, so ist

$$
\text{(10)} \quad Q = \Sigma \frac{\varkappa D\omega}{r}\,,
$$

wo durch Σ die Integration nach der ganzen Oberfläche bezeichnet ist. Befindet sich der Magnet im Gleichgewichtszustand zwischen dem in ihm erregten Magnetismus und solchen äussern erregenden Kräften, welche sich durch ein Potential darstellen lassen, so sind die drei magnetischen Momente α', β', γ' eines in dem Punkte $(\xi_{,}, \eta_{,}, \zeta_{,})$ befindlichen Elementes nach *Poisson's* Theorie der magnetischen Vertheilung die nach $\xi_{,}, \eta_{,}, \zeta_{,}$ genommenen partiellen Differentialquotienten einer Function φ dieser Coordinaten, nämlich $\alpha' = \frac{d\varphi}{d\xi_{,}}$, $\beta' = \frac{d\varphi}{d\eta_{,}}$, $\gamma' = \frac{d\varphi}{d\zeta_{,}}$, und diese Function genügt der Gleichung

$$
\text{(11)} \quad \frac{d^2\varphi}{d\xi_{,}^2} + \frac{d^2\varphi}{d\eta_{,}^2} + \frac{d^2\varphi}{d\zeta_{,}^2} = 0\,.
$$

In diesem Falle ergiebt sich dann durch partielle Integration des Ausdrucks von Q in (6) vermittelst der Gleichung (11), wenn man einige einfache geometrische Betrachtungen zu Hülfe ruft:

(12) $$Q = \Sigma \frac{d\varphi}{dN} \cdot \frac{D\omega}{r},$$

wo die Grösse $\frac{d\varphi}{dN}$, welche ich den für die Oberfläche des Magneten geltenden, nach ihrer Normale genommenen Differentialquotienten von φ nenne, die folgende Bedeutung hat. Nennt man nämlich ϱ, σ, τ die Winkel, welche die nach aussen gerichtete Normale mit der positiven Richtung der Coordinatenaxen bildet, so wird $\frac{d\varphi}{dN} = \cos \varrho \frac{d\varphi}{d\xi} + \cos \sigma \frac{d\varphi}{d\eta} + \cos \tau \frac{d\varphi}{d\zeta}$, und $\frac{d\varphi}{dN} dN$ gleich dem Werthe der Function φ an einem Punkte der Oberfläche weniger ihrem Werthe in einem Punkte der in ihm errichteten und nach innen gerichteten Normale der Oberfläche, welcher von ihr um dN entfernt ist. Aehnlicher Bezeichnungen und Benennungen werde ich mich auch in der Folge bedienen. Die Vergleichung mit dem Ausdruck in (10) zeigt, dass in dem angenommenen Falle $\frac{d\varphi}{dN} = \varkappa$ ist.

[**45**] Substituirt man den Werth von Q aus (10) in die Gleichungen (8) und (9), so erhält man

(13) $$J^{(m)} = -\varepsilon\varepsilon' \Sigma \varkappa D\omega \int S \frac{1}{r^3} \left\{ \begin{array}{l} \{(y-\eta_i)Dz - (z-\zeta_i)Dy\}dx \\ + \{(z-\zeta_i)Dx - (x-\xi_i)Dz\}dy \\ + \{(x-\xi_i)Dy - (y-\eta_i)Dx\}dz \end{array} \right\}.$$

Dies ist die einfachste Form, auf die sich im Allgemeinen der Ausdruck für den Inductionsstrom, welcher durch einen ruhenden Magneten in einem bewegten Leiter erregt wird, reduciren lässt. Man erhält denselben Ausdruck, wenn man in der Gleichung (1) § 5 für X_σ, Y_σ, Z_σ ihre Werthe aus (2) desselben § einführt, ferner $-\varkappa D\omega$ statt $\varkappa'$ setzt und das Integral über die Oberfläche des Magneten ausdehnt. Die unter dem Zeichen Σ stehende Grösse, multiplicirt mit $\varepsilon\varepsilon'$, kann also als der Werth des durch das Element $D\omega$ der magnetischen Oberfläche inducirten Stroms angesehen werden, und sie erlaubt ganz dieselbe Transformation, wie der Ausdruck (1) in § 5. Demnach kann der von $D\omega$ inducirte Strom auch so angesehen werden, als wäre er dadurch hervorgebracht, dass man statt des bewegten Leiters das Element $D\omega$ in entgegengesetzter Richtung bewegte. Es zerfällt daher sein Ausdruck in zwei Theile, $J_p^{(m)}$ und $J_d^{(m)}$, von denen der erste allein von dem Wege, auf welchem $D\omega$ fortgeführt wird, der andere von der Drehung abhängt, welche

$D\omega$ auf diesem Wege erfährt. Nimmt man also die Buchstaben $x_{,}$, $y_{,}$, $z_{,}$, ξ, η, ζ, l', m', n', $d\psi$ in derselben Bedeutung wie in § 5, so hat man

(14) $$J^{(m)} = J_p^{(m)} + J_d^{(m)},$$

(15) $$J_p^{(m)} = -\varepsilon\varepsilon' \Sigma \varkappa D\omega \int S \frac{1}{r^3} \begin{cases} \{(z, -\zeta)Dy, -(y, -\eta)Dz,\}d\xi \\ + \{(x, -\xi)Dz, -(z, -\zeta)Dx,\}d\eta \\ + \{(y, -\eta)Dx, -(x, -\xi)Dy,\}d\zeta \end{cases}$$

(16) $$J_d^{(m)} = +\varepsilon\varepsilon' \Sigma \varkappa D\omega \int d\psi \left[\frac{x_{,}-\xi}{r}\cos l' + \frac{y_{,}-\eta}{r}\cos m' + \frac{z_{,}-\zeta}{r}\cos n \right]$$

(17) $$r^2 = (x, -\xi)^2 + (y, -\eta)^2 + (z, -\zeta)^2.$$

Wir haben bis jetzt den Magneten als ruhend und den Leiter als bewegt betrachtet. Der entgegengesetzte Fall, wenn der Leiter ruht und der Magnet bewegt wird, lässt sich leicht hierauf zurückführen. Da der Magnet als ein System von Solenoidströmen angesehen wird, so ist nach § 4 der [46] Strom, welcher durch seine Bewegung in dem ruhenden Leiter inducirt wird, derselbe, welcher erregt wird, wenn statt seiner dem Leiter die entgegengesetzte Bewegung ertheilt wird, und nach der im Eingange zu § 5 gemachten Bemerkung ist dies gültig, der Leiter mag eine geschlossene Curve bilden oder nicht. Hieraus folgt, dass durch die Gleichung (13) der durch die Bewegung des Magneten inducirte Integralstrom dargestellt wird, wofern man nur den Grössen $\dot{x}$, y, z, dx, dy, dz die Werthe ertheilt, die ihnen zukommen, wenn dem Leiter die der Bewegung des Magneten entgegengesetzte Bewegung gegeben wird, während man diesen selbst als ruhend betrachtet. Der durch (13) gegebene Ausdruck für diesen Integralstrom ist gleichwerthig mit dem durch (14), (15) und (16) gegebenen Ausdruck. In diesen Gleichungen aber haben die Buchstaben ξ, η, ζ, $d\xi$ etc. diejenigen Werthe, welche der im Experiment gegebenen Bewegung des Magneten entsprechen, und welche direct die durch die Bewegung eines Magneten in einem ruhenden Leiter inducirten Ströme bestimmen.

Hieraus ergeben sich folgende Sätze:

I. **Wenn einem Leiter nur eine fortschreitende und keine drehende Bewegung gegeben wird, so kann man immer, er mag eine geschlossene Curve bilden oder nicht, wenn nur seine Länge nicht verändert wird, seiner Bewegung die entgegengesetzte des Magneten substituiren, und die elektromotorische**

Kraft des inducirten Differentialstroms ausdrücken durch die Geschwindigkeit dieser Bewegung, multiplicirt mit der negativen, ihrer Richtung parallelen Componente der Wirkung, die auf den Magneten von dem ruhenden Leiter ausgeübt wird, wenn man letzteren von einem Strome mit der Intensität ε durchströmt denkt.

Bei der fortschreitenden Bewegung ist nämlich $d\psi = 0$, und dx, dy, dz unabhängig von x, y, z, so wie auch $d\xi$, $d\eta$, $d\zeta$ unabhängig von ξ, η, ζ, weshalb diese Projectionen der Elemente der beschriebenen Wege in (13) und (15) ausserhalb der Integralzeichen S und Σ gestellt werden können.

II. Wenn der Leiter eine geschlossene Curve bildet, kann statt seiner Bewegung immer die entgegengesetzte Bewegung des Magneten gesetzt, und die elektromotorische Kraft des inducirten Differentialstroms ausgedrückt werden durch die [47] Summe der Producte aus der Geschwindigkeit der Elemente der magnetischen Oberfläche in die negative, der Richtung ihrer Bewegung parallele Componente der Wirkung, welche der von dem Strome ε durchströmte Leiter auf sie ausübt.

Wenn der Leiter eine geschlossene Curve bildet, verschwindet nämlich in (16) die unter dem Zeichen $\int$ stehende Grösse.

III. Wenn die Bewegung des Leiters keine parallel fortschreitende ist, und er keine geschlossene Curve bildet, so kann zwar seiner Bewegung die entgegengesetzte des Magneten gleichfalls substituirt werden, vorausgesetzt dass seine Länge dadurch nicht geändert wird, und die elektromotorische Kraft des Differentialstroms kann ebenso wie im vorigen Satz bestimmt werden; es muss aber dieser noch eine andere von der Drehung herrührende elektromotorische Kraft hinzugefügt werden, welche von der Lage der Endpunkte des Leiters abhängt und von dessen Gestalt unabhängig ist. Es ist dies diejenige, welche den in (16) angegebenen Strom $J_d^{(m)}$ erzeugt.

IV. Wenn ein Magnet so bewegt wird, dass er parallel mit sich selbst bleibt, so ist die in einem ruhenden Leiter, er mag geschlossen sein oder nicht, erregte elektromotorische Kraft des Differentialstroms das Product aus der Geschwindigkeit in die negative, der Richtung der Bewegung parallele Componente der Wirkung, welche der ruhende von dem Strome ε durchströmte Leiter auf den Magneten ausübt.

V. Die durch eine beliebige Bewegung eines Magneten in einem ruhenden Leiter erregte elektromotorische Kraft des Differentialstroms ist, wenn der Leiter eine geschlossene Curve bildet, die Summe der Producte aus der Geschwindigkeit der Elemente der magnetischen Oberfläche in die negative, der Richtung der Bewegung parallele Componente der Wirkung, welche auf sie der vom Strome ε durchströmte Leiter ausübt.

VI. Die durch die Bewegung eines Magneten in einem ruhenden Leiter erregte elektromotorische Kraft des Differentialstroms wird, wenn der Leiter nicht eine geschlossene Curve bildet, wie im vorigen Satze bestimmt; es muss derselben [48] aber noch eine zweite, von der Drehung des Magneten herrührende elektromotorische Kraft hinzugefügt werden, welche von der Lage der Endpunkte des Leiters abhängt und von seiner Gestalt unabhängig ist. Es ist dies diejenige, welche den in (16) gegebenen Strom $J_d^{(m)}$ erzeugt.

§ 8.

Ich will jetzt die Ausdrücke für die Inductionsströme angeben, welche durch ein plötzliches Auftreten oder Verschwinden von Magnetismus erregt werden, indem ich im Sinne der bekannten Theorie des Magnetismus den Act der Magnetisirung oder Entmagnetisirung als eine Bewegung der beiden magnetischen Flüssigkeiten ansehen werde, in Folge deren die vereinigten sich trennen oder die getrennten sich vereinigen. Dieselben Resultate werde ich aber im folgenden § noch auf eine andere Weise aus einem neuen allgemeinen Princip ableiten, welches durch eine Verallgemeinerung der aus den vorhergehenden §§ sich für die Induction zwischen geschlossenen Strömen und geschlossenen Leitern ergebenden Resultate erhalten wird, und mittels dessen sich auch diejenigen Inductionsströme bestimmen lassen, welche in einem Leiter durch Schwächung oder Verstärkung der Intensität eines in seiner Nähe fliessenden galvanischen Stromes erregt werden.

Ich werde zuerst den Gesichtspunkt verfolgen, zufolge dessen der durch Entmagnetisirung inducirte Strom durch die Bewegung der entgegengesetzten freien magnetischen Flüssigkeiten hervorgebracht wird, wenn dieselbe bis zu ihrer gegenseitigen Durchdringung, d. i. bis zu ihrer Neutralisirung fortgesetzt wird. Ich gehe von der Betrachtung eines magnetischen Atomes aus, auf dessen Oberfläche die freien magnetischen Flüssigkeiten irgendwie vertheilt sind. Die Coordinaten des Mittelpunktes des Atoms nenne ich ξ, η, ζ, die Coordinaten eines Elements $D\omega$ seiner Oberfläche $\xi + \xi_0, \eta + \eta_0, \zeta + \zeta_0$, und die eines beliebigen Punktes im Innern des Atoms $\xi + a, \eta + b, \zeta + c$. Ich nenne $\varkappa D\omega$ die Quantität von magnetischer Flüssigkeit, welche sich auf $D\omega$ befindet; $\varkappa$ ist eine Function von ξ_0, η_0, ζ_0, und genügt, wenn durch Σ das Integral nach der ganzen Oberfläche des Atoms bezeichnet wird, der Gleichung $\Sigma \varkappa D\omega = 0$. Bei der Entmagnetisirung bewegen sich die auf der Oberfläche des Atoms vertheilten Flüssigkeiten ins Innere desselben, und [49] ein Theil von ihnen neutralisirt sich gegenseitig in dem Punkte (a, b, c). Ich nenne $\varkappa' D\omega$ die Menge, welche das Element $D\omega$ zu den in (a, b, c) sich neutralisirenden Flüssigkeiten hergiebt. Es ist $\varkappa'$ eine Function von ξ_0, η_0, ζ_0 und genügt gleichfalls der Gleichung $\Sigma \varkappa' D\omega = 0$. Die Projectionen des Elements des Weges, auf welchem sich $\varkappa' D\omega$ von (ξ_0, η_0, ζ_0) nach (a, b, c) bewegt, nenne ich $\delta\xi, \delta\eta, \delta\zeta$. Der durch die Bewegung von $\varkappa' D\omega$ erregte Inductionsstrom kann nur in einem geschlossenen Leiter zu Stande kommen, und daher wird der Integralstrom dieser Bewegung vollständig durch den Strom $J_p^{(m)}$ in (15) des vorhergehenden § dargestellt, den ich jetzt kurzweg mit J bezeichnen will. In diesem Ausdruck (15) kann man wegen der Kleinheit des magnetischen Atoms die Componenten der Wirkung, welche der von der Einheit des Stroms durchströmte Leiter auf $\varkappa' D\omega$ ausübt, für jedes Element $D\omega$ und auf dem ganzen Wege, welchen $\varkappa' D\omega$ beschreibt, als constant ansehen. Bezeichnet man der Kürze wegen diese Componenten mit $A \varkappa' D\omega, B \varkappa' D\omega, C \varkappa' D\omega$, so dass

(1) $$\begin{aligned} A &= \mathsf{S} \frac{1}{r^3} \{ (z, -\zeta) Dy, -(y, -\eta) Dz, \} , \\ B &= \mathsf{S} \frac{1}{r^3} \{ (x, -\xi) Dz, -(z, -\zeta) Dx, \} , \\ C &= \mathsf{S} \frac{1}{r^3} \{ (y, -\eta) Dx, -(x, -\xi) Dy, \} , \end{aligned}$$

so erhält man

(1.a) $\quad J = -\varepsilon\varepsilon' \sum \int \varkappa' D\omega \{A\delta\xi + B\delta\eta + C\delta\zeta\}$,

oder, indem man die Integration in Bezug auf den Weg, welchen $\varkappa' D\omega$ durchläuft, ausführt, d. h. das durch $\int$ bezeichnete Integral von (ξ_0, η_0, ζ_0) bis (a, b, c) erstreckt,

$$J = +\varepsilon\varepsilon' \sum \varkappa' D\omega \{A(\xi_0 - a) + B(\eta_0 - b) + C(\zeta_0 - c)\} .$$

Da die Summirung Σ sich nur auf ξ_0, η_0, ζ_0 bezieht, und in ihr a, b, c constant sind, so reducirt sich wegen der Gleichung $\Sigma \varkappa' D\omega = 0$ der vorstehende Ausdruck auf

(2) $\quad J = \varepsilon\varepsilon' \{A \sum \varkappa' \xi_0 D\omega + B \sum \varkappa' \eta_0 D\omega + C \sum \varkappa' \zeta_0 D\omega\}$.

Der Strom J ist also von der Lage des Punktes (a, b, c) unabhängig, und hieraus folgt, wenn mit $\varkappa'' D\omega$, $\varkappa''' D\omega$ etc. die Quantitäten Flüssigkeiten bezeichnet werden, welche das Element $D\omega$ nach einem zweiten, dritten u. s. w. Punkte zur Neutralisation sendet, und man [50]

$$\alpha = \sum(\varkappa' + \varkappa'' + \ldots)\xi_0 D\omega ,$$
$$\beta = \sum(\varkappa' + \varkappa'' + \ldots)\eta_0 D\omega ,$$
$$\gamma = \sum(\varkappa' + \varkappa'' + \ldots)\zeta_0 D\omega ,$$

setzt, der durch die Neutralisation aller auf der Oberfläche des Atoms vertheilten Flüssigkeiten inducirte Strom, den ich durch E bezeichne,

(3) $\quad E = \varepsilon\varepsilon'(A\alpha + B\beta + C\gamma)$,

wo $\varkappa' + \varkappa'' + \ldots = \varkappa$ ist, und daher die Grössen α, β, γ die magnetischen Momente des Atoms bedeuten.

Der vorstehende Werth von E ist der Ausdruck des durch die Entmagnetisirung des Atoms inducirten Stroms. Den Strom, welcher durch dessen Magnetisirung erregt wird, den ich durch M bezeichne, erhält man auf dieselbe Weise, nur dass bei der Integration von (1.a) die Grenzen der Integration umzukehren sind, weil sich jetzt das Flüssigkeitsquantum $\varkappa' D\omega$ von dem Punkte (a, b, c) nach dem Punkte (ξ_0, η_0, ζ_0) bewegt. Hierdurch wird in (2) und (3) nur das Vorzeichen geändert, so dass

(4) $\quad M = -\varepsilon\varepsilon'(A\alpha + B\beta + C\gamma)$.

Beschreibt man, wie oben, um (ξ, η, ζ) einen kleinen Raum Dv und versteht unter α, β, γ die arithmetischen Mittelwerthe der magnetischen Momente aller in Dv enthaltenen Atome, nennt ihre Anzahl nDv und setzt $n\alpha = \alpha'$, $n\beta = \beta'$, $n\gamma = \gamma'$, so erhält man für den durch die Magnetisirung inducirten Strom, den ich mit M' bezeichnen will, den Ausdruck

(5) $$M' = -\varepsilon\varepsilon'(A\alpha' + B\beta' + C\gamma')Dv ,$$

wo α', β', γ' in demselben Sinne wie in § 7 die magnetischen Momente der Einheit des Raumes sind. Betrachtet man Dv als ein Element des Magneten, und nimmt von dem vorstehenden Ausdruck die Summe in Bezug auf alle Dv, so erhält man den durch den Act seiner Magnetisirung inducirten Strom, den ich durch $J^{(u)}$ bezeichnen will,

(6) $$J^{(u)} = -\varepsilon\varepsilon'\Sigma\{A\alpha' + B\beta' + C\gamma'\}Dv .$$

Diese Summe erheischt wegen der Kleinheit von Dv nur eine dreifache Integration, welche über den ganzen Magnet auszudehnen ist.

[51] Da der inducirte Leiter immer eine geschlossene Curve bildet, weil, wenn Magnet und Leiter ruhen, die Induction nothwendig den ganzen Weg trifft, auf welchem der inducirte Strom sich fortpflanzt, und da nach einem *Ampère*'schen Satz die Wirkung, welche ein geschlossener Strom auf einen Magnetpol ausübt, sich durch ein Potential darstellen lässt*), so können A, B, C, welches die drei rechtwinkligen Componenten einer solchen Wirkung sind, als die partiellen Differentialquotienten eines Potentials V in Bezug auf die Coordinaten ξ, η, ζ angesehen werden. Es ist also

(7) $$A = \frac{dV}{d\xi}, \quad B = \frac{dV}{d\eta}, \quad C = \frac{dV}{d\zeta} .$$

Der magnetische Zustand, der hier in Rede steht, ist immer ein Gleichgewichtszustand zwischen dem erregten Magnetismus und solchen erregenden äusseren Kräften, welche sich auch ihrerseits durch ein Potential darstellen lassen. Die erregenden Kräfte rühren nämlich entweder von äusseren Magnetpolen oder geschlossenen galvanischen Strömen her. Deshalb sind α', β', γ'

---

*) Ich drücke mich der Kürze halber auf diese Weise aus, statt zu sagen, dass die rechtwinkligen Componenten der Wirkung die partiellen Differentialquotienten des Potentials sind.

immer die nach ξ, η, ζ genommenen partiellen Differentialquotienten einer Function, welche wir im vorigen § schon mit φ bezeichnet haben,

(8) $$\alpha' = \frac{d\varphi}{d\xi}, \quad \beta' = \frac{d\varphi}{d\eta}, \quad \gamma' = \frac{d\varphi}{d\zeta},$$

und diese Function φ hat die Eigenschaft:

(9) $$\frac{d^2\varphi}{d\xi^2} + \frac{d^2\varphi}{d\eta^2} + \frac{d^2\varphi}{d\zeta^2} = 0.$$

Setzt man die Werthe aus (7) und (8) in (6) und zugleich $Dv = D\xi\, D\eta\, D\zeta$, so wird

(10) $$J^{(\mu)} = -\varepsilon\varepsilon' \sum \left\{ \frac{dV}{d\xi} \cdot \frac{d\varphi}{d\xi} + \frac{dV}{d\eta} \cdot \frac{d\varphi}{d\eta} + \frac{dV}{d\zeta} \cdot \frac{d\varphi}{d\zeta} \right\} D\xi\, D\eta\, D\zeta.$$

Die einzelnen Glieder dieses Ausdrucks integrire ich partiell, und setze z. B.

$$\sum \frac{V}{d\xi} \cdot \frac{d\varphi}{d\xi} D\xi D\eta D\zeta = \sum \left[V \frac{d\varphi}{d\xi} \right] D\eta\, D\zeta - \sum V \frac{d^2\varphi}{d\xi^2} D\xi\, D\eta\, D\zeta,$$

wo durch die Klammer die Differenz der beiden Werthe von $V \frac{d\varphi}{d\xi}$ bezeichnet werden soll, welche dieser Ausdruck an den Punkten annimmt, in welchen [52] die Oberfläche des Magneten von einer mit der Ordinate ξ parallelen Linie geschnitten wird. Reducirt man auf ähnliche Art die beiden andern Terme, wobei man der Einfachheit wegen voraussetzt, dass jede gerade Linie die Oberfläche nur zweimal schneidet, so erhält man

$$J^{(\mu)} = -\varepsilon\varepsilon' \sum \left[V \frac{d\varphi}{d\xi} D\eta\, D\zeta + V \frac{d\varphi}{d\eta} D\xi\, D\zeta + V \frac{d\varphi}{d\zeta} D\xi\, D\eta \right]$$
$$+ \varepsilon\varepsilon' \sum V \left\{ \frac{d^2\varphi}{d\xi^2} + \frac{d^2\varphi}{d\eta^2} + \frac{d^2\varphi}{d\zeta^2} \right\} D\xi\, D\eta\, D\zeta.$$

Das zweite Glied verschwindet wegen (9), und die Integration in dem ersten Gliede bezieht sich nur noch auf die Oberfläche. Wenn durch $D\omega$ das Element der Oberfläche bezeichnet wird, durch (N,ξ), (N,η), (N,ζ) die Winkel, welche die Normale an diesem Element respective mit den Coordinaten ξ, η, ζ bildet, so wird $D\eta\, D\zeta = D\omega \cos(N,\xi)$, etc., und es nimmt daher der vorstehende Ausdruck die Form an,

(11) $$J^{(\mu)} = -\varepsilon\varepsilon' \sum V \left\{ \cos(N,\xi) \frac{d\varphi}{d\xi} + \cos(N,\eta) \frac{d\varphi}{d\eta} + \cos(N,\zeta) \frac{d\varphi}{d\zeta} \right\} D\omega$$

Die in der Parenthese eingeschlossene Grösse will ich das Differential von φ nach der Normale der Oberfläche des Magneten nennen und mit $\frac{d\varphi}{dN}$ bezeichnen; es wird demnach

(12) $$J^{(\mu)} = - \varepsilon\varepsilon' \Sigma V \frac{d\varphi}{dN} D\omega .$$

Auf dieselbe Weise erhält man für $J^{(\mu)}$ aus (10), weil auch V als ein Potential der Gleichung

$$\frac{d^2 V}{d\xi^2} + \frac{d^2 V}{d\eta^2} + \frac{d^2 V}{d\zeta^2} = 0$$

genügt, den Ausdruck

(13) $$J^{(\mu)} = - \varepsilon\varepsilon' \Sigma \varphi \frac{dV}{dN} D\omega .$$

Die Integrationen in (12) und (13) sind auf die ganze Oberfläche des Magneten auszudehnen, und für φ, V, $\frac{d\varphi}{dN}$, $\frac{dV}{dN}$ die an der Oberfläche in dem Element $D\omega$ geltenden Werthe dieser Grössen zu setzen.

Die Gleichungen (12) und (13) haben die einfachste Form, auf welche sich der Ausdruck für den durch den Act der Magnetisirung inducirten Strom im Allgemeinen reduciren lässt. Kehrt man in den Gliedern rechter Hand die Vorzeichen um, so drücken sie den durch den Act der Entmagnetisirung inducirten Strom aus.

[53] Es ist bis jetzt angenommen worden, dass die Erregung des magnetischen Zustandes vom neutralen Zustande aus stattfinde, und ebenso, dass die Aufhebung desselben vollständig sei. Wenn die Magnetisirung oder Entmagnetisirung nur in einer Veränderung des magnetischen Zustandes besteht, sind in den vorstehenden Ausdrücken des inducirten Stroms $J^{(\mu)}$ unter φ und $\frac{d\varphi}{dN}$ nur die Theile des ganzen Werthes dieser Functionen zu verstehen, welche durch die Veränderung des magnetischen Zustandes entstanden oder verschwunden sind. Bezeichnet man also den Werth, welchen φ in dem Endzustand des Magneten besitzt, durch φ'', und nimmt an, dass dieser Zustand aus einem andern hervorgegangen ist, in welchem φ den Werth φ' hatte, so wird der durch diese Veränderung des magnetischen Zustandes inducirte Strom den Ausdruck haben

$$(14) \qquad J^{(\mu)} = \varepsilon\varepsilon' \Sigma V \left(\frac{d\varphi'}{dN} - \frac{d\varphi''}{dN} \right) D\omega \ .$$

oder auch

$$(15) \qquad J^{(\mu)} = \varepsilon\varepsilon' \Sigma \frac{dV}{dN} (\varphi' - \varphi'') D\omega \ .$$

Das dreifache Integral, wodurch $J^{(\mu)}$ in (6) ausgedrückt ist, lässt sich immer, welche Werthe α', β', γ' auch haben, auf eine Integration nach der Oberfläche des Magneten zurückführen. Der *Gauss*'sche Satz, dass statt des im Innern des Magneten vertheilten Magnetismus immer eine Vertheilung desselben auf seiner Oberfläche gesetzt werden kann, welche dieselbe Wirkung auf einen äussern Pol ausübt, giebt die Gleichheit der beiden Ausdrücke von Q in (6) und (10) des vorigen §, d. i.

$$\Sigma \left\{ \alpha' \frac{d\frac{1}{r}}{d\xi} + \beta' \frac{d\frac{1}{r}}{d\eta} + \gamma' \frac{d\frac{1}{r}}{d\zeta} \right\} D\xi D\eta D\zeta = \Sigma \frac{\varkappa}{r} D\omega \ ,$$

wo r die Entfernung eines Elements des Magneten oder seiner Oberfläche von einem ausserhalb derselben gelegenen Punkte bezeichnet. Diese Gleichung kann auf die Weise erweitert werden, dass statt $\frac{1}{r}$ das Potential von Massen gesetzt wird, welche auf eine beliebige Weise ausserhalb der Oberfläche des Magneten vertheilt sind. Setzt man nämlich $U = \frac{m}{r} + \frac{m'}{r'} + \ldots$, so giebt jedes Glied in dem Werthe von U eine Gleichung wie die vorstehende, und die Summe aller dieser Gleichungen giebt

$$\Sigma \left\{ \alpha' \frac{dU}{d\xi} + \beta' \frac{dU}{d\eta} + \gamma' \frac{dU}{d\zeta} \right\} D\xi D\eta D\zeta = \Sigma \varkappa U D\omega \ .$$

[54] Hieraus folgt, dass der Ausdruck für $J^{(\mu)}$ in (6), da nach (7) die Grössen A, B, C die partiellen Differentialquotienten von V sind, und V als das Potential von ausserhalb des Magneten gelegenen Massen angesehen werden kann, auch die folgende Form annimmt,

$$(16) \qquad J^{(\mu)} = -\varepsilon\varepsilon' \Sigma \varkappa V D\omega \ .$$

Eine Veränderung des magnetischen Zustandes, in welcher der freie Magnetismus an der Oberfläche aus $\varkappa'$ in $\varkappa''$ übergeht, erzeugt also allgemein den Integralstrom

$$(17) \qquad J^{(\mu)} = \varepsilon\varepsilon' \Sigma (\varkappa' - \varkappa'') V D\omega \ .$$

§ 9.

Ich werde jetzt die Formel (14) des vorigen §, welche den durch die Veränderung des magnetischen Zustandes eines Magneten erregten Inductionsstrom ausdrückt, aus einem allgemeinen Princip ableiten. Ich gehe hierbei von der Betrachtung des Stroms aus, welcher in einem geschlossenen Leiter durch eine Ortsveränderung, sei es des Magneten oder des Leiters, inducirt wird. Es ist leicht nachzuweisen, dass dieser Strom allein von der durch die Ortsveränderung hervorgebrachten Veränderung des Werthes des Potentials abhängt, durch welches die Wirkung eines von der Einheit des Stroms durchströmten Leiters auf einen Magneten dargestellt wird. Ich verallgemeinere dies Resultat und setze als Princip:

dass die Veränderung des Potentials, durch welches die Wirkung eines von der Einheit des Stromes durchströmten Leiters auf einen Magneten dargestellt wird, die Ursache und das Maass des inducirten Stromes ist, und es hierbei gleichgilt, wodurch diese Veränderung des Werthes des Potentials hervorgebracht wird, ob durch eine veränderte relative Lage des Magneten und des Leiters oder durch einen andern Umstand, wie z. B. durch eine Schwächung des Magneten.

Der in einem geschlossenen Leiter durch die Bewegung eines Magneten inducirte Strom, den ich kurzweg durch J bezeichnen werde, ist vollständig durch die Formel (15) § 7 ausgedrückt, oder durch die Formel (1.a) des vorhergehenden §.

$$J = -\varepsilon\varepsilon' \Sigma \int \varkappa \{A d\xi + B d\eta + C d\zeta\} D\omega ,$$

[55] wo A, B, C die Componenten der Wirkung des von der Stromeinheit durchströmten Leiters auf die Einheit der magnetischen Flüssigkeit in $D\omega$ darstellen und die in (1) § 8 angegebenen Werthe haben. Es ist aber $D\omega$ das Element der magnetischen Oberfläche, dessen Coordinaten ξ, η, ζ sind, und $d\xi$, $d\eta$, $d\zeta$ sind seine elementaren Verrückungen im Sinne dieser Coordinaten.

Da der Leiter eine geschlossene Curve bildet, so gelten für A, B, C die Gleichungen (7) des vorigen §, und ihre Substitution giebt

$$J = -\varepsilon\varepsilon' \Sigma \int \varkappa \left\{ \frac{dV}{d\xi} d\xi + \frac{dV}{d\eta} d\eta + \frac{dV}{d\zeta} d\zeta \right\} D\omega ,$$

woraus erhellt, dass die durch $\int$ bezeichnete Integration sich ausführen lässt. Bezeichnet man durch V' und V'' die Werthe, welche V an dem Anfangs- und Endpunkte der Bahn hat, auf welcher $D\omega$ sich bewegt, so erhält man

(1) $$J = \varepsilon\varepsilon' \Sigma \varkappa (V'-V'') D\omega.$$

Hat sich der Magnet aus sehr grosser Entfernung dem Leiter genähert, so ist $V' = 0$ und

(2) $$(J) = -\varepsilon\varepsilon' \Sigma \varkappa V'' D\omega.$$

Die Gleichungen (1) und (2) drücken auch den Inductionsstrom aus, welcher erregt wird, wenn sich statt des Magneten der Leiter bewegt.

Wenn der magnetische Zustand ein Gleichgewichtszustand zwischen Kräften, die sich durch ein Potential darstellen lassen, und dem durch sie erregten Magnetismus ist, so lässt sich $\varkappa$ mittels der im vorigen § mit φ bezeichneten Function durch die Formel

(3) $$\varkappa = \frac{d\varphi}{dN}$$

darstellen. Die Grösse εV ist das Potential des von dem Strome ε durchströmten Leiters in Bezug auf die Einheit der magnetischen Flüssigkeit in $D\omega$. Ich nenne es kurzweg das **Potential des Leiters**. Demnach werde ich die Grösse $\varepsilon \Sigma \varkappa V D\omega$ **das Potential des Leiters in Bezug auf den ganzen Magnet, oder was identisch ist, das Potential des Magneten in Bezug auf den ganzen Leiter** nennen. Die Gleichung (1) sagt also: **die elektromotorische Kraft, welche in einem geschlossenen Leiter durch einen Magnet inducirt wird, sei es dass der Magnet oder der Leiter bewegt wird, ist gleich der [56] Differenz der Werthe, welche das Potential des Leiters in Bezug auf den ganzen Magnet am Anfang und Ende der Bewegung annimmt.** — Nähert sich der Magnet aus grosser Entfernung dem Leiter oder umgekehrt der Leiter dem Magneten, so ist nach (2) die inducirte elektromotorische Kraft dem Werthe gleich, welchen das Potential des Leiters in Bezug auf den ganzen Magnet in derjenigen Lage annimmt, in welcher die Bewegung aufhört. Es ist gleichgültig, ob der Magnet oder der Leiter oder auch beide zugleich, auf welchen Bahnen und in welcher Art sie bewegt werden, ob mit rein fortschreitender oder mit drehender Bewegung. Die erregte elektromotorische Kraft hängt allein von der Grösse der Veränderung ab, welche das Potential erfährt. Hat dieses am Anfang und Ende der Bewegung denselben Werth, so ist die erregte elektromotorische Kraft gleich Null. — Man kann den Grund für die Induction also nicht in der Bewegung an sich, sondern allein in der dadurch hervorgebrachten Aenderung im Werthe des Potentials suchen, und es muss demnach gleichgültig sein, wodurch diese Veränderung selbst hervorgebracht ist. Jeder Umstand, wodurch das Potential des Leiters in Bezug auf den ganzen Magnet verändert wird, kann als die Ursache eines Inductionsstroms angesehen werden, und dessen Stärke ist dem Zuwachs gleich, welchen das durch den Leitungswiderstand dividirte Potential des Leiters erfährt. Ein solcher Umstand ist die Veränderung des magnetischen Zustandes des Magneten. Den Werth des dadurch erregten Inductionsstroms, welchen ich wie im vorigen § durch $J^{(\mu)}$ bezeichnen will, erhält man sofort als die Differenz der Werthe, welche das Potential des Leiters in Bezug auf den ganzen Magnet in den beiderlei Zuständen des letzteren annimmt. Es sei $\varkappa'$ die Dicke der magnetischen Schicht an der Oberfläche des Magneten, und diese werde in $\varkappa''$ verändert. Das Potential des Leiters in Bezug auf den Magnet in dem ersten und zweiten Zustande ist respective $\varepsilon \Sigma \varkappa' V D \omega$, $\varepsilon \Sigma \varkappa'' V D \omega$, wo εV dieselbe Bedeutung wie vorher hat. Demnach ist

(4) $$J^{(\mu)} = \varepsilon \varepsilon' \Sigma (\varkappa' - \varkappa'') V D \omega \;,$$

oder wenn beide magnetischen Zustände solche Gleichgewichtszustände sind, dass nach (3) $\varkappa' = \dfrac{d\varphi'}{dN}$ und $\varkappa'' = \dfrac{d\varphi''}{dN}$ gesetzt werden kann, [57]

(5) $$J^{(\mu)} = \varepsilon \varepsilon' \Sigma \left(\dfrac{d\varphi'}{dN} - \dfrac{d\varphi''}{dN} \right) V D \omega \;,$$

welches genau der Ausdruck (14) in § 8 ist.

§ 10.

Das Princip, welches im vorigen § zu dem Ausdruck (4) oder (5) geführt hat, lässt sich auf diejenigen Ströme ausdehnen, welche in einem ruhenden Leiter durch einen ruhenden galvanischen Strom inducirt werden, der in seiner Intensität eine

Aenderung erleidet. Zu diesem Zwecke werde ich zunächst den Ausdruck für diejenigen Ströme weiter entwickeln, welche inducirt werden, wenn sich ein Leiter unter dem Einfluss eines galvanischen Stroms bewegt, und entweder der Leiter oder der inducirende Strom eine geschlossene Curve bildet. Es bewege sich der Leiter unter dem Einfluss eines geschlossenen galvanischen Stroms. Der inducirte Strom ist nach (6) § 3

$$(1) \quad J = - \varepsilon\varepsilon' \int_{w_0}^{w_1} S\{X_\sigma dx + Y_\sigma dy + Z_\sigma dz\} Ds \; ,$$

wo Ds das Element des inducirten Leiters ist, dessen Coordinaten und Projectionen respective durch x, y, z und Dx, Dy, Dz bezeichnet werden, $X_\sigma, Y_\sigma, Z_\sigma$ die Componenten der Wirkung sind, welche der galvanische Strom auf die Einheit des Stroms in Ds ausübt, und dx, dy, dz die Verrückungen, welche Ds erfährt. — Da der galvanische Strom eine geschlossene Curve bildet, kann man nach einem *Ampère*'schen Satze seine Wirkung auf Ds durch die Summe der Wirkungen von unendlich vielen unendlich kleinen Strömen ersetzen. Man hat durch seine geschlossene Curve eine durch sie begrenzte, übrigens beliebige Oberfläche zu legen, diese in Elemente zu zerlegen und jedes Element in seiner Peripherie von einem Strome umkreist zu denken, in demselben Sinne und von derselben Stärke als der gegebene galvanische Strom. Diese unendlich kleinen Ströme ersetzen in ihrer Summe den gegebenen endlichen Strom. Ich nenne $D\omega$ das Element der Oberfläche; der Strom, welcher in seiner Peripherie fliesst, wirkt auf das Leiterelement wie ein magnetisches Atom, dessen Axe die Richtung der Normale an $D\omega$ hat und dessen magnetisches Moment nach der Axe $\tfrac{1}{2}jD\omega$ ist, wenn j die Intensität des gegebenen galvanischen Stroms [58] bedeutet. Nennt man X, Y, Z die Componenten der Wirkung, welche $D\omega$ auf die Einheit des Stroms in Ds, ausübt, so ist

$$(2) \quad X_\sigma Ds = \Sigma X \; , \quad Y_\sigma Ds = \Sigma Y \; , \quad Z_\sigma Ds = \Sigma Z \; ,$$

wo Σ die über die ganze, durch die gegebene Stromcurve begrenzte Oberfläche auszudehnende Integration bezeichnet. Die Werthe von X, Y, Z erhält man aus (2) § 5, wenn dort von den Gliedern rechter Hand die partiellen Differentiale nach der Normale an $D\omega$, welche durch ν bezeichnet werden soll, genommen werden und $\tfrac{1}{2}jD\omega$ statt $\varkappa'$ gesetzt wird:

Inducirte elektrische Ströme. Abh. I.

(3)
$$\begin{cases} X = \tfrac{1}{2} j \frac{d}{d\nu} \{(z - \zeta,) Dy - (y - r_{\prime}) Dz\} \frac{D\omega}{r^3}, \\ Y = \tfrac{1}{2} j \frac{d}{d\nu} \{(x - \xi,) Dz - (z - \zeta,) Dx\} \frac{D\omega}{r^3}, \\ Z = \tfrac{1}{2} j \frac{d}{d\nu} \{(y - r_{\prime}) Dx - (x - \xi,) Dy\} \frac{D\omega}{r^3}. \end{cases}$$

Die Vergleichung der vorstehenden Formeln (1), (2), (3) mit den entsprechenden unter (1) und (2) in § 5 zeigt, dass hier eine ähnliche Transformation zulässig ist wie dort, und dass also J in zwei Theile zerlegt werden kann, von denen der zweite fortfällt, wenn der Leiter keine drehende Bewegung besitzt, oder wenn er eine geschlossene Curve bildet. Ich werde diese beiden Theile auch hier durch J_p und J_d bezeichnen. Dann erhält man nach Anleitung der Formeln (20), (21) und (29) in § 5

$$J = J_p + J_d,$$

(4) $J_p = - \tfrac{1}{2} \varepsilon \varepsilon' j \Sigma D\omega \frac{d}{d\nu} \int_{\kappa_0}^{\kappa_1} \{X_p d\xi + Y_p d\eta_{\prime} + Z_p d\zeta_{\prime}\},$

(5)
$$\begin{cases} X_p = S \frac{1}{r^3} \{(y, - r_{\prime}) Dz, - (z, - \zeta) Dy,\}, \\ Y_p = S \frac{1}{r^3} \{(z, - \zeta) Dx, - (x, - \xi) Dz,\}. \\ Z_p = S \frac{1}{r^3} \{(x, - \xi) Dy, - (y, - r_{\prime}) Dx,\}. \end{cases}$$

$$r^2 = (x, - \xi)^2 + (y, - r_{\prime})^2 + (z, - \zeta)^2,$$

$$J_d = - \tfrac{1}{2} \varepsilon \varepsilon' j \Sigma D\omega \frac{d}{d\nu} \int \left[\frac{x, - \xi}{r} \cos l' + \frac{y, - \eta}{r} \cos m' + \frac{z, - \zeta}{r} \cos n' \right] d\psi.$$

[59] In diesen Ausdrücken wird der Leiter als ruhend gedacht; statt seiner bewegt sich der galvanische Strom und mit ihm das Flächenelement $D\omega$ in entgegengesetzter Richtung. Die von der Zeit abhängigen Coordinaten des Elements $D\omega$, nämlich ξ, η, ζ, sind durch (15) § 5 bestimmt, wenn die gegebene Bewegung des Leiters durch (4) daselbst ausgedrückt wird.

Wenn der Leiter eine geschlossene Curve bildet, so ist

$$J_d = 0,$$

und die Grössen X_p, Y_p, Z_p, welche die Componenten der Wirkung des Leiters auf die Einheit der in dem Punkte $(\xi, r_{\prime}, \zeta)$ concentrirt gedachten magnetischen Flüssigkeit vorstellen, sind die partiellen Differentialquotienten einer Function V_p nach ξ, η, ζ. Dies ist ein schon oft erwähnter *Ampère*'scher Satz; es lässt sich aber auch leicht direct aus (5) nachweisen, dass, wenn der Leiter geschlossen ist,

$$\frac{dX_p}{d\eta} = \frac{dY_p}{d\xi}, \qquad \frac{dX_p}{d\zeta} = \frac{dZ_p}{d\xi}, \qquad \frac{dY_p}{d\zeta} = \frac{dZ_p}{d\eta}$$

ist. Die Function εV_p ist das Potential des Leiters, bezogen auf die Einheit der magnetischen Flüssigkeit in dem Punkte (ξ, η, ζ). Setzen wir nun in (4)

$$X_p = \frac{dV_p}{d\xi}, \qquad Y_p = \frac{dV_p}{d\eta}, \qquad Z_p = \frac{dV_p}{d\zeta},$$

so wird die unter dem Integralzeichen $\int$ stehende Grösse das vollständige Differential von V_p. Bezeichnen wir die Grenzwerthe, die V_p am Anfang und Ende der Bewegung hat, durch V'_p und V''_p, so wird

(7) $$J_p = \tfrac{1}{2}\varepsilon\varepsilon' j \Sigma\, D\omega\, \frac{d}{d\nu}(V'_p - V''_p).$$

Wir haben den galvanischen Strom als ruhend, den Leiter als bewegt vorausgesetzt. Auf diesen Fall lässt sich der umgekehrte, wo der Leiter ruht und der inducirende Strom bewegt wird, zurückführen, da nach dem Satze in § 4 statt der Bewegung des Stroms immer die entgegengesetzte des Leiters substituirt werden kann, vorausgesetzt dass dadurch die Grenzen der Integrationen S und Σ nicht geändert werden. Demnach drücken (4) und (6) auch die Ströme aus, welche in einem Leiter durch die Bewegung eines geschlossenen galvanischen Stroms inducirt werden, und in ihnen haben ξ, η, ζ, $d\xi$, $d\eta$, $d\zeta$ die der wirklichen Bewegung des Elements $D\omega$ [60] entsprechenden Werthe. Ist der inducirte Leiter geschlossen, so gilt auch in diesem Falle die Gleichung (7).

Die Grösse $\tfrac{1}{2}\varepsilon j \Sigma\, D\omega\, \dfrac{dV_p}{d\nu}$ ist das Potential des geschlossenen Leiters, bezogen auf den ganzen galvanischen Strom. Demnach ergiebt sich aus (7) folgender Satz: **die in einem geschlossenen Leiter durch einen geschlossenen galvanischen Strom inducirte elektromotorische Kraft, sei es dass der Leiter oder der Strom eine Ortsveränderung erfährt, ist gleich der Differenz der Werthe, welche das Potential des Leiters, bezogen auf den ganzen galvanischen Strom, am Anfang und Ende der Bewegung besitzt.**

Die Formeln (4) und (6) setzen voraus, dass der inducirende Strom ein geschlossener sei. Ich werde jetzt den Fall entwickeln, wo der inducirte Leiter eine geschlossene Curve bildet, und annehmen, dass der Leiter ruht und der Strom bewegt wird. Nach (7) § 4 ist der inducirte Strom

$$(8) \quad J = -\varepsilon\varepsilon' \Sigma \int_{w_0}^{w_1} \{X_s d\xi + Y_s d\eta + Z_s d\zeta\} D\sigma ,$$

wo X_s, Y_s, Z_s die Componenten der Wirkung des von der Einheit des Stroms durchströmten Leiters auf das Stromelement $D\sigma$ sind. Da der Leiter eine geschlossene Curve bildet, so lassen sich diese Componenten ganz entsprechend, wie oben in (1) und (2) die Componenten X_σ, Y_σ und Z_σ, ausdrücken, nämlich

$$(9) \begin{cases} X_s D\sigma = -\tfrac{1}{2}j \, \mathbf{S} \dfrac{d}{dn} \cdot \dfrac{1}{r^3} \{(z,-\zeta)D\eta - (y,-\eta)D\zeta\} Do , \\ Y_s D\sigma = -\tfrac{1}{2}j \, \mathbf{S} \dfrac{d}{dn} \cdot \dfrac{1}{r^3} \{(x,-\xi)D\zeta - (z,-\zeta)D\xi\} Do , \\ Z_s D\sigma = -\tfrac{1}{2}j \, \mathbf{S} \dfrac{d}{dn} \cdot \dfrac{1}{r^3} \{(y,-\eta)D\xi - (x,-\xi)D\eta\} Do , \end{cases}$$

$$r^2 = (x,-\xi)^2 + (y,-\eta)^2 + (z,-\zeta)^2 ,$$

wo Do das Element einer beliebigen durch den Leiter begrenzten Oberfläche ist, und das Integral $\mathbf{S}$ über die Oberfläche ausgedehnt, durch $\dfrac{d}{dn}$ aber der nach der Normale n an dem Element Do genommene Differentialquotient bezeichnet wird. Durch Substitution dieser Werthe in (8) kann man mit dieser Gleichung dieselben Transformationen vornehmen, durch welche aus (1) die Gleichungen (4), (5), (6) abgeleitet sind. Man erhält dann

[61] $$J = J_p + J_d ,$$

$$(10) \quad J_p = -\tfrac{1}{2}\varepsilon\varepsilon' j \, \mathbf{S} \, Do \, \dfrac{d}{dn} \int_{w_0}^{w_1} (X_\pi dx + Y_\pi dy + Z_\pi dz) ,$$

$$(11) \begin{cases} X_\pi = -\Sigma \dfrac{1}{r^3} \{(y-\eta,)D\zeta - (z-\zeta,)D\eta\} , \\ Y_\pi = -\Sigma \dfrac{1}{r^3} \{(z-\zeta,)D\xi - (x-\xi,)D\zeta\} , \\ Z_\pi = -\Sigma \dfrac{1}{r^3} \{(x-\xi,)D\eta - (y-\eta,)D\xi\} , \end{cases}$$

$$r^2 = (x - \xi_{,})^2 + (y - \eta_{,})^2 + (z - \zeta_{,})^2,$$

(12) $\quad J_d = -\tfrac{1}{2}\varepsilon\varepsilon' j \, \mathbf{S} \, Do \, \dfrac{d}{dn} \int \left[\dfrac{x-\xi_{,}}{r} \cos l' + \dfrac{y-\eta_{,}}{r} \cos m' + \dfrac{z-\zeta_{,}}{r} \cos n' \right] d\psi$

Wenn der inducirende Strom eine geschlossene Curve bildet, so ist
$$J_d = 0,$$
und die Grössen jX_π, jY_π, jZ_π sind, da sie die Componenten der Wirkung des inducirenden Stroms auf die Einheit der magnetischen Flüssigkeit in dem Punkte (x, y, z) vorstellen, die nach den Coordinaten x, y, z genommenen partiellen Differentialquotienten des Potentials des inducirenden Stroms. Ich nenne dieses Potential jV_π, so dass

$$X_\pi = \frac{dV_\pi}{dx}, \quad Y_\pi = \frac{dV_\pi}{dy}, \quad Z_\pi = \frac{dV_\pi}{dz}.$$

Wenn man diese Werthe in (10) setzt, die Integration $\int$ ausführt und die beiden Endwerthe von V_π mit V_π' und V_π'' bezeichnet, so erhält man

(13) $\quad J_p = \tfrac{1}{2}\varepsilon\varepsilon' j \, \mathbf{S} \, Do \, \dfrac{d}{dn}(V_\pi' - V_\pi'').$

Die Formeln (10), (11), (12) gelten auch, wenn statt des galvanischen Stromes der Leiter eine Bewegung erhält, und x, y, z, dx, dy, dz die dieser Bewegung angehörigen Werthe bekommen. Es ist also auch in Bezug auf die Formel (13) gleichgültig, ob der Strom oder der Leiter seinen Ort verändert. Die Grösse $\tfrac{1}{2}j\varepsilon \, \mathbf{S} \, Do \, \dfrac{dV_\pi}{dn}$ ist das Potential des Stroms, bezogen auf den ganzen von einem Strome ε durchströmt gedachten Leiter. Hieraus geht hervor, dass man in dem oben aus (7) abgeleiteten Satze statt des auf den Strom bezogenen Potentials des Leiters auch das auf den [62] ganzen Leiter bezogene Potential des Stroms setzen kann. Dies sind in der That identische Bezeichnungen derselben Grösse. Da nämlich V_π das auf die Einheit der magnetischen Flüssigkeit in dem Punkte (x, y, z) bezogene Potential der Oberfläche ω ist, deren zwei Seiten von den zwei entgegengesetzten magnetischen Flüssigkeiten mit der Dichtigkeit $\dfrac{1}{d\nu}$ gleichförmig bedeckt gedacht werden, so ist

$$V_\pi = \Sigma D\omega \frac{d\tfrac{1}{r}}{d\nu}.$$

Ebenso ist

$$V_p = \mathbf{S} Do \frac{d\frac{1}{r}}{dn},$$

wo

$$r^2 = x - \xi_i{}^2 + (y - \eta)^2 + (z - \zeta)^2.$$

Setzt man diese Werthe respective in (13) und (7), und bezeichnet mit r' und r'' die Werthe von r am Anfang und Ende der Bewegung, so fallen beide Ausdrücke für J_p zusammen und geben:

(14) $\quad J_p = \tfrac{1}{2} \varepsilon \varepsilon' j \mathbf{S} \mathbf{\Sigma} Do\, D\omega \dfrac{d^2}{dn\,d\nu}\left\{\dfrac{1}{r'} - \dfrac{1}{r''}\right\}.$

Die Formeln (7), (13), (14) zeigen, dass die Induction, welche ein geschlossener Leiter durch einen geschlossenen galvanischen Strom erfährt, von der Bewegung an sich, sei es des Leiters oder des Stroms, unabhängig ist, und dass sie allein von der durch die Bewegung hervorgebrachten Veränderung des Werthes des auf den Leiter bezogenen Potentials des Stroms abhängt. Ich folgere hieraus, dass es überhaupt gleichgültig ist, wodurch der Werth des Potentials verändert wird, und dass jeder Umstand, der denselben verändert, die Ursache einer Induction ist. Es wird also in dem geschlossenen Leiter, auch wenn die Intensität eines in seiner Nähe befindlichen galvanischen Stroms verändert wird, ein Inductionsstrom erregt werden, und die elektromotorische Kraft dieses Stroms wird die Differenz der Werthe des auf den Leiter bezogenen Potentials des Stroms in seinen beiden Endzuständen sein. Ich werde den inducirten Strom mit $J^{(j)}$ bezeichnen, und mit j'' und j''' die Anfangs- und Endintensität des galvanischen Stroms; dann ist

(16) $\quad J^{(j)} = \tfrac{1}{2} \varepsilon \varepsilon'' j' - j''' \mathbf{S} Do \dfrac{dV_\pi}{dn} = \tfrac{1}{2} \varepsilon \varepsilon' (j' - j''') \mathbf{\Sigma} D\omega \dfrac{dV_p}{d\nu},$

oder

(17) $\quad J^{(j)} = \tfrac{1}{2} \varepsilon \varepsilon' (j' - j''') \mathbf{S} \mathbf{\Sigma} Do\, D\omega \dfrac{d^2\frac{1}{r}}{dn\,d\nu}.$

[63] In wieweit diese Formeln eine Anwendung auf die Fälle gestatten, in denen ein galvanischer Strom plötzlich auftritt oder unterbrochen wird, bedarf noch experimenteller Prüfung. Denn sie setzen voraus, dass die Geschwindigkeit, mit welcher die inducirende Ursache eintritt, im Verhältniss zur Fortpflanzungsgeschwindigkeit der Elektricität in den inducirten Leitern gering ist. Noch zweifelhafter wird die Anwendbarkeit dieser Formeln

da, wo innerhalb einer sehr kurzen Zeit die inducirende Ursache aus dem Positiven ins Negative übergeht. Ein schönes Beispiel aber für die Anwendung der verschiedenen Formeln geben die Ströme, welche durch das im Verhältniss zur elektrischen Fortpflanzungsgeschwindigkeit langsame Anschwellen der magnetoelektrischen Ströme inducirt werden. Unter Annahme der Anwendbarkeit der Formeln (16) oder (17) auf die durch das plötzliche Auftreten oder Verschwinden von galvanischen Strömen erregte Induction kann man sagen: der durch das plötzliche Auftreten eines galvanischen Stroms in einem ruhenden Leiter inducirte Strom ist derselbe, als hätte sich der Leiter aus grosser Entfernung her dem Strom bis an die Stelle, wo er sich befindet, genähert.

§ 11.

Der inducirte Integralstrom hängt im Allgemeinen von einer dreifachen Integration ab, welche sich auf die Curve des inducirenden Stroms, auf die Curve des inducirten Leiters und drittens auf die Bahn bezieht, auf welcher ein Element sei es des inducirenden Stroms oder des inducirten Leiters bewegt wird, und welche von der Stelle des Elements in seiner Curve abhängt. Die Einführung des Potentials der magnetischen Oberflächen, wenn Strom und Leiter geschlossene Curven bilden, erlaubt allgemein die Ausführung der dritten Integration, setzt aber an die Stelle der beiden ersten Integrationen eine vierfache über die beiden Oberflächen. Ich werde jetzt nachweisen, dass, wenn entweder die Curve des inducirenden Stroms oder des inducirten Leiters eine geschlossene ist, allgemein die dreifache Integration sich auf ein Doppelintegral zurückführen lässt. Dies Doppelintegral reducirt sich auf eine einfache Quadratur, wenn die geschlossene Curve im Verhältniss zu ihrer Entfernung von der andern Curve sehr kleine Dimensionen hat, wie dies z. B. bei einem Solenoid der Fall ist, welches ein magnetisches Atom vorstellt.

[64] Der in einem Leiter s, welcher sich unter dem Einfluss eines galvanischen Stromes σ bewegt, inducirte Strom ist nach (6) § 3:

(1) $$J = -\varepsilon\varepsilon' \mathsf{S}\int_{\varkappa_0}^{\varkappa_1}\{X_\sigma dx + Y_\sigma dy + Z_\sigma dz\} Ds .$$

wo die Grössen $X_\sigma Ds$ u. s. w. die Componenten der Gesammtwirkung bedeuten, welche der inducirende Strom σ auf das Element Ds des bewegten Leiters ausübt, und dx, dy, dz die Projectionen des Elements dw der Bahn sind, auf welcher Ds bewegt wird. Wenn der inducirende Strom von der Intensität j eine geschlossene Curve bildet, so lassen sich die von Ampère gegebenen Ausdrücke für die Componenten seiner Wirkung auf das Element Ds, dieses von der Einheit des Stroms durchströmt gedacht, so darstellen:

$$\begin{cases} X_\sigma Ds = \tfrac{1}{2} j \Sigma \left\{ \left(\frac{d\frac{1}{r}}{d\zeta} D\xi - \frac{d\frac{1}{r}}{d\xi} D\zeta \right) Dz - \left(\frac{d\frac{1}{r}}{d\xi} D\eta - \frac{d\frac{1}{r}}{d\eta} D\xi \right) Dy \right\}, \\ Y_\sigma Ds = \tfrac{1}{2} j \Sigma \left\{ \left(\frac{d\frac{1}{r}}{d\xi} D\eta - \frac{d\frac{1}{r}}{d\eta} D\xi \right) Dx - \left(\frac{d\frac{1}{r}}{d\eta} D\zeta - \frac{d\frac{1}{r}}{d\zeta} D\eta \right) Dz \right\}, \\ Z_\sigma Ds = \tfrac{1}{2} j \Sigma \left\{ \left(\frac{d\frac{1}{r}}{d\eta} D\zeta - \frac{d\frac{1}{r}}{d\zeta} D\eta \right) Dy - \left(\frac{d\frac{1}{r}}{d\zeta} D\xi - \frac{d\frac{1}{r}}{d\xi} D\zeta \right) Dx \right\}, \end{cases}$$

wo $\quad r^2 = (x - \xi)^2 + (y - \eta)^2 + (z - \zeta)^2 \,.$

Substituirt man diese Werthe in (1) und ordnet das Resultat nach $D\xi$, $D\eta$, $D\zeta$, so erhält man für den Theil desselben, welcher von $D\xi$ abhängt,

$$(3) \quad -\tfrac{1}{2} \varepsilon \varepsilon' j \Sigma \mathsf{S} \int \left\{ \left(\frac{d\frac{1}{r}}{d\xi} Dx + \frac{d\frac{1}{r}}{d\eta} Dy + \frac{d\frac{1}{r}}{d\zeta} Dz \right) dx \right.$$
$$\left. - \left(\frac{d\frac{1}{r}}{d\xi} dx + \frac{d\frac{1}{r}}{d\eta} dy + \frac{d\frac{1}{r}}{d\zeta} dz \right) Dx \right\} D\xi \,,$$

woraus sich die von $D\eta$ und $D\zeta$ abhängigen Theile leicht bilden lassen, indem man die ausserhalb der Parenthesen stehenden $D\xi$, Dx, dx respective mit $D\eta$, Dy, dy oder $D\zeta$, Dz, dz vertauscht. Da man statt der partiellen Differentialquotienten von $\frac{1}{r}$ nach ξ, η, ζ die negativen nach x, y, z schreiben kann, so erhält man durch partielle Integration in Bezug auf das Element Ds:

$$\mathsf{S} \left(\frac{d\frac{1}{r}}{d\xi} Dx + \frac{d\frac{1}{r}}{d\eta} Dy + \frac{d\frac{1}{r}}{d\zeta} Dz \right) dx = -\frac{1}{r} dx + \mathsf{S} \frac{1}{r} \cdot \frac{D.dx}{Ds} Ds \,,$$

[65] und durch partielle Integration in Bezug auf das Element dw der Bahn w, welche das Element Ds beschreibt,

$$\int \left(\frac{d\frac{1}{r}}{d\xi} dx + \frac{d\frac{1}{r}}{d\eta} dy + \frac{d\frac{1}{r}}{d\zeta} dz \right) Dx = -\frac{1}{r} Dx + \int \frac{1}{r} \cdot \frac{d.Dx}{dw} dw .$$

Da nun

$$\int S \frac{1}{r} \cdot \frac{D.dx}{Ds} Ds = \int S \frac{1}{r} \cdot \frac{d.Dx}{dwDs} dw\, Ds = \int S \frac{1}{r} \cdot \frac{d.Dx}{dw} dw ,$$

so erhält man durch Substitution der vorstehenden Ausdrücke in (3):

$$\tfrac{1}{2} \varepsilon \varepsilon' j \Sigma \left\{ \int \frac{dx}{r} - S \frac{Dx}{r} \right\} D\xi .$$

Da hieraus die beiden andern Theile von J durch respective Vertauschung von $D\xi$, Dx, dx mit $D\eta$, Dy, dy und $D\zeta$, Dz, dz abgeleitet werden, so wird

(4) $$J = \tfrac{1}{2} \varepsilon \varepsilon' j \left\{ \Sigma \int \left[\frac{D\xi\, dx + D\eta\, dy + D\zeta\, dz}{r} \right]_{s_,}^{s_{,,}} - \Sigma S \left[\frac{D\xi\, Dx + D\eta\, Dy + D\zeta\, Dz}{r} \right]_{w_,}^{w_{,,}} \right\},$$

wo $s_,$ und $s_{,,}$ die Grenzen von s, und $w_,$, $w_{,,}$ die Grenzen von w bedeuten. Die dreifache Integration in (1) ist hierdurch auf eine doppelte zurückgeführt.

Die Form des vorstehenden Ausdrucks wird einfacher, wenn der bewegte Leiter eine geschlossene Curve bildet, oder auch wenn derselbe zwar keine geschlossene Curve bildet, aber sich auf einer geschlossenen Bahn bewegt, d. h. wenn er am Ende seiner Bewegung in seine ursprüngliche Lage zurückkehrt. Ich werde diese beiden Fälle besonders betrachten, und dann zu dem allgemeinen Falle, wo weder der Leiter noch die Bahn geschlossen ist, zurückkehren.

I. Wenn der Leiter eine geschlossene Curve bildet, fällt der von den Grenzen $s_,$ und $s_{,,}$ abhängige Theil in (4) fort, und man hat

(5) $$J = -\tfrac{1}{2} \varepsilon \varepsilon' j \Sigma S \left[\frac{D\xi\, Dx + D\eta\, Dy + D\zeta\, Dz}{r} \right]_{w_,}^{w_{,,}}.$$

Wir fanden aber im vorhergehenden §, dass die in einem geschlossenen Leiter durch einen geschlossenen Strom inducirte elektromotorische Kraft dem Unterschiede der Werthe gleich ist, welche das Potential des Stroms in Bezug auf den vom Strome ε durchströmten Leiter am Anfang und am Ende der Bewegung annimmt. Hieraus folgt, dass durch den Ausdruck

$$\tfrac{1}{2}\varepsilon j \mathbf{\Sigma S} \tfrac{1}{r}(D\xi\,Dx + D\eta\,Dy + D\zeta\,Dz) = V$$

[66] das Potential eines geschlossenen Stroms σ von der Intensität j in Bezug auf einen andern geschlossenen Strom s von der Intensität ε dargestellt wird. **Das Potential zweier geschlossenen Ströme von der Intensität 1 in Bezug auf einander ist also die halbe Summe der Producte der Elemente des einen Stroms mit den Elementen des andern, jedes Product zweier Elemente multiplicirt mit dem Cosinus ihrer Neigung und dividirt durch ihre gegenseitige Entfernung.**

Dieser Satz kann auch direct aus dem Gesetz abgeleitet werden, das die Wirkung eines Elements eines geschlossenen Stroms auf ein Element eines andern geschlossenen Stroms bestimmt, und welches sich aus den *Ampère*'schen Formeln ergiebt, bisher aber noch nicht ausgesprochen zu sein scheint: **Die Anziehung, welche zwei Elemente verschiedener geschlossener Ströme auf einander ausüben, ist umgekehrt dem Quadrate ihrer Entfernung und direct dem Cosinus ihrer gegenseitigen Neigung proportional.** Man findet dies sofort aus den Ausdrücken in (2). Man erhält z. B. aus dem ersten derselben

$$\mathbf{S} X_\sigma Ds = \tfrac{1}{2} j \mathbf{\Sigma S} \left\{ \begin{matrix} \left(\dfrac{d\tfrac{1}{r}}{d\xi}Dx + \dfrac{d\tfrac{1}{r}}{d\eta}Dy + \dfrac{d\tfrac{1}{r}}{d\zeta}Dz\right)D\xi \\ -(Dx\,D\xi + Dy\,D\eta + Dz\,D\zeta)\dfrac{d\tfrac{1}{r}}{d\xi} \end{matrix} \right\},$$

woraus sich wegen $\dfrac{d\tfrac{1}{r}}{d\xi} = -\dfrac{d\tfrac{1}{r}}{dx}$ u. s. w., wenn man r, und $r_{\prime\prime}$ die dem Anfangs- und Endpunkte von s entsprechenden Werthe von r nennt, ergiebt

$$\mathbf{S} X_\sigma Ds = \tfrac{1}{2} j \mathbf{\Sigma}\left(\tfrac{1}{r_\prime} - \tfrac{1}{r_{\prime\prime}}\right)D\xi$$
$$-\tfrac{1}{2} j \mathbf{\Sigma S} \tfrac{x-\xi}{r^3}(Dx\,D\xi + Dy\,D\eta + Dz\,D\zeta).$$

Ist s eine geschlossene Curve, so ist $r_\prime = r_{\prime\prime}$, und demnach

$$\mathbf{S} X_\sigma Ds = -\tfrac{1}{2} j \mathbf{\Sigma S}\tfrac{x-\xi}{r^3}(Dx\,D\xi + Dy\,D\eta + Dz\,D\zeta).$$

Man kann also unter der Voraussetzung, dass σ und s geschlossene Curven sind und in ihnen die Stromeinheiten fliessen, die gegenseitige Wirkung zweier Elemente Ds und $D\sigma$ so ansehen, als wenn sie in der Richtung ihrer Verbindungslinie r und mit der Intensität

$$-\tfrac{1}{2}\frac{D\xi\,Dx + D\eta\,Dy + D\zeta\,Dz}{r^2} = -\frac{1}{2r^2}\cos(D\sigma, Ds)\,D\sigma\,Ds$$

[67] stattfände, wo $(D\sigma, Ds)$ den Winkel bedeutet, unter welchem $D\sigma$ gegen Ds geneigt ist. Hieraus folgt, dass

$$\tfrac{1}{2}\Sigma\frac{1}{r}\cos(D\sigma, Ds)\,D\sigma\,Ds$$

das Potential des Stroms σ in Bezug auf das Element Ds und

$$\tfrac{1}{2}\,S\,\Sigma\frac{1}{r}\cos(D\sigma, Ds)\,D\sigma\,Ds$$

das Potential von σ in Bezug auf s ist.

II. Wenn die Bahn, welche der Leiter durchlaufen hat, eine geschlossene ist, fällt in (4) der von den Grenzen der Bahn $w_{\prime}$ und $w_{\prime\prime}$ abhängige Theil fort, und man hat

(6) $$J = \tfrac{1}{2}\varepsilon\varepsilon' j \Sigma \int \left[\frac{D\xi\,dx + D\eta\,dy + D\zeta\,dz}{r}\right]_{s_{\prime}}^{s_{\prime\prime}}.$$

Aus dieser Formel ergiebt sich der Satz: **die in einem ungeschlossenen Leiter durch einen geschlossenen Strom inducirte elektromotorische Kraft ist, wenn der Leiter eine geschlossene Bahn durchlaufen hat, die Differenz der Werthe des Potentials des Stroms in Bezug auf die von den Endpunkten des Leiters durchlaufenen Curven, diese Curven von dem Strome ε durchströmt gedacht.** Die inducirte elektromotorische Kraft ist hier also ebenso von der Gestalt des Leiters unabhängig, wie sie im vorhergehenden Falle des geschlossenen Leiters von dem von ihm durchlaufenen Wege unabhängig war. Wenn sich ein geschlossener Leiter unter dem Einfluss eines geschlossenen Stroms in einer geschlossenen Bahn bewegt, so ist die Summe der in ihm bis zur Rückkehr zu seiner ursprünglichen Lage erregten elektromotorischen Kräfte immer gleich Null. Hieraus folgt, dass durch fortgesetzte Drehung constante Ströme, d. h. solche, deren Differentialströme in jedem Augenblick denselben Werth haben, nur in ungeschlossenen Leitern oder nur unter dem Einfluss ungeschlossener Ströme erzeugt werden können.

III. Ich will jetzt den allgemeinen Fall erörtern, wo weder der inducirte Leiter noch die Bahn, auf welcher er sich bewegt hat, geschlossene Curven sind.

[68] Das Aggregat von vier Integralen, welches den Ausdruck von J in (4) bildet, ist nichts anderes als das Doppelintegral, in welchem über die geschlossene Curve σ und über die Peripherie des geschlossenen Curvenvierecks integrirt wird, welches die vom Leiter in seiner Bewegung beschriebene Oberfläche begrenzt. Dieses Viereck wird von den Curven $(s_{\prime})$, $(e_{\prime})$, $(s_{\prime\prime})$, $(e_{\prime\prime})$ gebildet, von denen $(s_{\prime})$ und $(s_{\prime\prime})$ die Curve des inducirten Leiters selbst am Anfange und Ende seiner Bewegung und $(e_{\prime})$ und $(e_{\prime\prime})$ die während seiner Bewegung von seinen zwei Endpunkten beschriebenen Curven bedeuten. Man kann daher in Folge der Formel (4) den Satz aussprechen:

Die elektromotorische Kraft, welche in einem unter dem Einfluss eines geschlossenen Stroms σ bewegten Leiter s inducirt wird, ist gleich dem Potential von σ in Bezug auf das geschlossene Viereck, welches aus der Curve des Leiters selbst in ihrer Anfangs- und Endposition und den während seiner Bewegung von seinen Endpunkten beschriebenen Curven gebildet wird, wenn dieses Viereck von einem Strome ε durchströmt gedacht wird.

Aus diesem Satze lassen sich die Resultate leicht ableiten, welche in I. und II. für geschlossene Leiter und für begrenzte Leiter, welche eine geschlossene Bahn beschrieben haben, gefunden worden sind. In den zwei Curven $(e_{\prime})$ und $(e_{\prime\prime})$ hat der Strom ε eine entgegengesetzte Richtung, und ebenso in den zwei Curven $(s_{\prime})$ und $(s_{\prime\prime})$. Ist der Leiter geschlossen, so fällt $(e_{\prime\prime})$ auf $(e_{\prime})$, die in ihnen fliessenden Theile heben sich auf und es bleiben nur die beiden geschlossenen Curven $(s_{\prime})$ und $(s_{\prime\prime})$, in welchen die Strömung ε eine entgegengesetzte Richtung hat. Ist die Bahn geschlossen, so fällt $(s_{\prime\prime})$ auf $(s_{\prime})$, die in ihnen fliessenden Theile des Stroms heben sich auf und es bleiben nur die entgegengesetzten Ströme in den geschlossenen Curven $(e_{\prime})$ und $(e_{\prime\prime})$.

Da ein Magnet als ein System von geschlossenen Strömen angesehen wird, so gilt der vorstehende Satz auch, wenn die Induction, statt durch einen geschlossenen Strom, durch einen

Magnet hervorgebracht wird. Er findet auch seine Anwendung auf den Fall, wo der inducirte Leiter ruht und der inducirende geschlossene Strom bewegt wird, da man nach § 4 statt der Bewegung des letztern immer die entgegengesetzte des inducirten Leiters substituiren kann. Wenn ferner der inducirende Strom σ sich bewegt und [**69**] ungeschlossen ist, d. h. wenn ein Theil seiner Bahn an der Bewegung keinen Theil nimmt, so giebt derselbe Satz die erregte elektromotorische Kraft, im Fall der inducirte Leiter s eine geschlossene Curve bildet. Nach § 4 nämlich erhält man dieselbe elektromotorische Kraft wie früher, wo der inducirende Strom in diesem geschlossenen Leiter s strömend und der ungeschlossene Leiter σ als der inducirte Strom angenommen wurde. Endlich bestimmt auch der obige Satz für den Fall, wenn der ungeschlossene inducirende Strom σ ruht, die inducirte elektromotorische Kraft, wenn der Leiter s geschlossen ist. In diesem Falle denkt man sich wieder den inducirenden Strom in dem Leiter s fliessen und substituirt statt der Bewegung desselben die entgegengesetzte des Leiters σ.

§ 12.

Als Potential V eines geschlossenen Stromes σ in Bezug auf einen andern geschlossenen Strom s, beide Ströme von der Intensität 1 gesetzt, wurde im vorigen § gefunden:

$$(1) \qquad V = \tfrac{1}{2} \mathsf{S} \Sigma \frac{1}{r} (Dx\, D\xi + Dy\, D\eta + Dz\, D\zeta) \ .$$

Es soll dieser Ausdruck unter der Voraussetzung weiter entwickelt werden, dass σ eine ebene Curve sei, deren Dimensionen im Verhältniss zu r sehr klein sind. Unter dieser Voraussetzung lässt sich der Ausdruck in eine rasch convergirende Reihe entwickeln, die nach den Potenzen der Dimensionen von σ fortschreitet, und wir nehmen diese Dimensionen so klein an, dass nur das erste Glied dieser Reihe zu berücksichtigen ist. Ich werde in (1) statt ξ, η, ζ setzen

$$(2) \qquad \xi + \alpha \ , \quad \eta + \beta \ , \quad \zeta + \gamma \ ,$$

wo ξ, η, ζ die Coordinaten des Schwerpunkts von σ sind, welcher zum Anfangspunkt der Coordinaten α, β, γ genommen wird. Diese Coordinaten werde ich durch andere α', β', γ' ausdrücken, von denen α' und β' in der Ebene des Stroms σ liegen, und also γ' auf dieser Ebene senkrecht ist. Es bilde γ' mit γ den Winkel

Inducirte elektrische Ströme. Abh. I.

ν, und eine durch γ und γ' gelegte Ebene bilde mit α den Winkel ω; in dieser Ebene und in der Ebene des Stroms liege β'. Demnach ist

$$\alpha = \quad \alpha'\sin\omega - \beta'\cos\nu\cos\omega + \gamma'\sin\nu\cos\omega \;,$$
$$\beta = -\alpha'\cos\omega - \beta'\cos\nu\sin\omega + \gamma'\sin\nu\sin\omega \;,$$
$$\gamma = \quad\qquad\qquad \beta'\sin\nu \quad + \gamma'\cos\nu \;.$$

[70] Ich beziehe die Curve σ auf Polarcoordinaten mit demselben Anfangspunkt; es sei ϱ der Radiusvector eines ihrer Punkte, welcher gegen α' unter dem Winkel φ geneigt ist, so wird

$$\alpha' = \varrho\cos\varphi \;,\quad \beta' = \varrho\sin\varphi \;,\quad \gamma' = 0 \;,$$

wo ϱ eine durch die Natur der Curve σ gegebene Function von φ ist. Es wird also für jeden Punkt der Curve σ:

(3) $\begin{cases}\alpha = \quad \varrho\,(\sin\omega\cos\varphi - \cos\nu\cos\omega\sin\varphi) \;,\\ \beta = -\varrho\,(\cos\omega\cos\varphi + \cos\nu\sin\omega\sin\varphi) \;,\\ \gamma = \quad \varrho\sin\nu\sin\varphi \;.\end{cases}$

Setzt man in (1) für ξ, η, ζ die Werthe (2), so erhält man

$$V = \tfrac{1}{2}\,\mathrm{S}\,\Sigma\, \frac{Dx\,D\alpha + Dy\,D\beta + Dz\,D\gamma}{\{(x-\xi-\alpha)^2+(y-\eta-\beta)^2+(z-\zeta-\gamma)^2\}^{\frac{1}{2}}} \;,$$

wo α, β, γ die durch (3) gegebenen Functionen von φ sind, und Σ eine Integration in Bezug auf φ von $\varphi = 0$ bis $\varphi = 2\pi$ bezeichnet. Entwickelt man die Wurzelgrösse nach den Potenzen der im Verhältniss zu $\sqrt{(x-\xi)^2+(y-\eta)^2+(z-\zeta)^2}$ als sehr klein vorausgesetzten Grösse ϱ, so erhält man bei Vernachlässigung der Glieder höherer Ordnung, da in den angegebenen Grenzen

$$\Sigma\, \frac{Dx\,D\alpha + Dy\,D\beta + Dz\,D\gamma}{\{(x-\xi)^2+(y-\eta)^2+(z-\zeta)^2\}^{\frac{1}{2}}} = 0$$

ist,

(4) $V = \tfrac{1}{2}\,\mathrm{S}\,\Sigma\, \dfrac{(Dx\,D\alpha + Dy\,D\beta + Dz\,D\gamma)\cdot((x-\xi)\alpha + (y-\eta)\beta + (z-\zeta)\gamma)}{\{(x-\xi)^2+(y-\eta)^2+(z-\zeta)^2\}^{\frac{3}{2}}} \;.$

Aus den Werthen von α, β, γ in (3) ergiebt sich

$$\Sigma\alpha\,D\alpha = 0 \;,\quad \Sigma\beta\,D\beta = 0 \;,\quad \Sigma\gamma\,D\gamma = 0 \;,$$
$$\Sigma\alpha\,D\beta = -\Sigma\beta\,D\alpha = -\tfrac{1}{2}\cos\nu\cdot\Sigma\varrho^2\,D\varphi \;,$$
$$\Sigma\alpha\,D\gamma = -\Sigma\gamma\,D\alpha = \tfrac{1}{2}\sin\nu\sin\omega\cdot\Sigma\varrho^2\,D\varphi \;,$$
$$\Sigma\beta\,D\gamma = -\Sigma\gamma\,D\beta = -\tfrac{1}{2}\sin\nu\cos\omega\cdot\Sigma\varrho^2\,D\varphi \;,$$

und demnach wird

$$(5) \quad V = \tfrac{1}{4}(\Sigma \varrho^2 D\varphi) \, \mathbf{S} \, \frac{1}{r^3} \left\{ \begin{array}{l} \cos\nu ((y-\eta)Dx - (x-\xi)Dy) \\ + \sin\nu \sin\omega ((x-\xi)Dz - (z-\zeta)Dx) \\ + \sin\nu \cos\omega ((z-\zeta)Dy - (y-\eta)Dz) \end{array} \right\}$$

[71] Ich werde statt $\tfrac{1}{2}\Sigma \varrho^2 D\varphi$, welches der Inhalt des kleinen von dem Strome σ umschlossenen Raumes ist, die Grösse λ setzen, und die Grössen $\cos\nu$, $\sin\nu\sin\omega$, $\sin\nu\cos\omega$ oder die Cosinusse der Winkel, welche die Normale auf der Stromebene σ respective mit z, y, x bildet, als Differentialquotienten von ζ, η, ξ in Bezug auf diese Normale, welche ich durch N bezeichne, ausdrücken, also

$$\cos\nu = \frac{d\zeta}{dN}, \quad \sin\nu\sin\omega = \frac{d\eta}{dN}, \quad \sin\nu\cos\omega = \frac{d\xi}{dN}.$$

setzen. Ich werde ferner in (5) statt $\frac{1}{r^3}\{(y-\eta)Dx - (x-\xi)Dy\}$ den nach ζ genommenen partiellen Differentialquotient von

$$\left(1 - \frac{z-\zeta}{r}\right) \cdot \frac{(y-\eta)Dx - (x-\xi)Dy}{(y-\eta)^2 + (x-\xi)^2},$$

und ebenso statt $\frac{1}{r^3}\{(x-\xi)Dz - (z-\zeta)Dx\}$ und $\frac{1}{r^3}\{(z-\zeta)Dy - (y-\eta)Dz\}$ die respective nach η und ξ genommenen partiellen Differentialquotienten der Ausdrücke

$$\left(1 - \frac{y-\eta}{r}\right) \cdot \frac{(x-\xi)Dz - (z-\zeta)Dx}{(x-\xi)^2 + (z-\zeta)^2},$$

$$\left(1 - \frac{x-\xi}{r}\right) \cdot \frac{(z-\zeta)Dy - (y-\eta)Dz}{(z-\zeta)^2 + (y-\eta)^2}$$

setzen. Dadurch verwandelt sich der Werth von V in (5) in den folgenden:

$$(6) \quad V = \tfrac{1}{2}\lambda \, \mathbf{S} \left\{ \begin{array}{l} \frac{d\xi}{dN} \cdot \frac{d}{d\xi}\left\{\left(1 - \frac{x-\xi}{r}\right) \cdot \frac{(z-\zeta)Dy - (y-\eta)Dz}{(z-\zeta)^2 + (y-\eta)^2}\right\} \\ + \frac{d\eta}{dN} \cdot \frac{d}{d\eta}\left\{\left(1 - \frac{y-\eta}{r}\right) \cdot \frac{(x-\xi)Dz - (z-\zeta)Dx}{(x-\xi)^2 + (z-\zeta)^2}\right\} \\ + \frac{d\zeta}{dN} \cdot \frac{d}{d\zeta}\left\{\left(1 - \frac{z-\zeta}{r}\right) \cdot \frac{(y-\eta)Dx - (x-\xi)Dy}{(y-\eta)^2 + (x-\xi)^2}\right\} \end{array} \right\},$$

oder wenn

(7)
$$\begin{cases} S\left(1 - \frac{x-\xi}{r}\right) \frac{(z-\zeta)Dy - (y-\eta)Dz}{(z-\zeta)^2 + (y-\eta)^2} = K, \\ S\left(1 - \frac{y-\eta}{r}\right) \frac{(x-\xi)Dz - (z-\zeta)Dx}{(x-\xi)^2 + (z-\zeta)^2} = L, \\ S\left(1 - \frac{z-\zeta}{r}\right) \frac{(y-\eta)Dx - (x-\xi)Dy}{(y-\eta)^2 + (x-\xi)^2} = M, \end{cases}$$

gesetzt wird, in

(S) $\qquad V = \frac{1}{2} \lambda \left\{ \frac{d\xi}{dN} \cdot \frac{dK}{d\xi} + \frac{d\eta}{dN} \cdot \frac{dL}{d\eta} + \frac{d\zeta}{dN} \cdot \frac{dM}{d\zeta} \right\}$.

[**72**] Bildet der Strom s, auf welchen sich die Integrationen in (7) beziehen, eine geschlossene Curve, so ist

$$K = L = M,$$

weil alsdann jede dieser Grössen das Stück vorstellt, welches auf der mit dem Halbmesser $= 1$ um den Punkt (ξ, η, ζ) beschriebenen Kugelfläche durch den Kegel abgeschnitten wird, welcher aus dem Punkte (ξ, η, ζ) als Spitze durch die Curve s gelegt wird. Ich werde dieses Kugelflächenstück die **Kegelöffnung von s in Bezug auf den Punkt** (ξ, η, ζ) oder **auf den Ort von λ** nennen und dasselbe mit K bezeichnen. Hierdurch reducirt sich der Ausdruck in (S) auf

(9) $\qquad V = \frac{1}{2} \lambda \frac{dK}{dN}$,

das heisst: **es ist das Potential eines Stroms, welcher den kleinen ebenen Raum λ umkreist, in Bezug auf einen geschlossenen Strom s, wenn in beiden die Stromeinheit strömt, gleich dem Product aus $\frac{1}{2}\lambda$ in den nach der Normale auf λ genommenen Differentialquotienten der Kegelöffnung von s in Bezug auf λ.**

Betrachtet man den kleinen Raum λ als den Normalschnitt eines sehr engen Kanals, dessen Axe N ist, und denkt man sich jeden der aufeinanderfolgenden Normalschnitte des Kanals von der Stromeinheit umkreist, so erhält man ein Solenoid. Es sei α die Anzahl der Stromumkreisungen, welche sich auf der Einheit der Länge befinden, so ist die Anzahl solcher Umkreisungen auf dem Elemente der Axe δN gleich $\alpha \delta N$, und demnach das Potential des Solenoidelements in Bezug auf s:

$$\tfrac{1}{2} \alpha \lambda \frac{dK}{dN} \delta N.$$

Erstreckt sich das Solenoid von N' bis N'', und bezeichnet man die zu N' und N'' gehörigen Werthe von K durch K' und K'', so erhält man als **Potential des begrenzten Solenoids in Bezug auf** s:

(10) $$\tfrac{1}{2}a\lambda\{K'' - K'\}.$$

Liegt das eine Ende N' unendlich weit von s, so ist $K' = 0$, und man erhält also als **Potential eines an einem Ende unbegrenzten Solenoids in Bezug auf** s,

(11) $$\tfrac{1}{2}a\lambda K,$$

[73] wo K die Kegelöffnung von s in Bezug auf den im Endlichen liegenden Pol des Solenoids bedeutet. Diesen Ausdruck nenne ich das **Potential des Solenoidpols**. Wenn die Intensität des Stroms in dem Solenoid gleich j ist, so sind die vorstehenden Ausdrücke noch mit j zu multipliciren. In der Terminologie der Theorie des Magnetismus heisst das Product $\tfrac{1}{2}a\lambda j$ die **Quantität freier magnetischer Flüssigkeit** in dem Pole, welche mit $\varkappa'$ bezeichnet werden soll. Demnach ist nach (11) das Potential eines Magnetpols

(12) $$\varkappa' K,$$

und nach (10) das Potential eines Magneten, dessen freie magnetische Flüssigkeiten in zwei Polen concentrirt gedacht werden dürfen,

(13) $$\varkappa'(K'' - K').$$

Der Ausdruck (12) giebt den für die Anwendung wichtigen Satz:
 Das Potential eines Magnetpols, dessen freie magnetische Flüssigkeit $= 1$ ist, in Bezug auf einen geschlossenen Strom s von der Intensität 1, ist die Kegelöffnung von s in Bezug auf den Pol.
Der Ausdruck in (13) ergiebt sich als ein Corollar dieses Satzes.

Aus demselben Satz lässt sich leicht das Potential eines Magneten in Bezug auf einen geschlossenen Strom s ableiten. Es bezeichne nämlich $D\omega$ das Element der Oberfläche des Magneten, und in ihm befinde sich die freie magnetische Flüssigkeit $\varkappa D\omega$, K sei die auf $D\omega$ bezogene Kegelöffnung von s, so ist das Potential des Magneten in Bezug auf s, wenn der Strom in s die Intensität 1 hat,

(14) $$S \varkappa K D\omega,$$

wo das Integral über die ganze Oberfläche des Magneten auszudehnen ist. Wenden wir diesen Ausdruck des Potentials auf den in (1) § 9 enthaltenen Satz an, so erhalten wir für den Strom, der in einem geschlossenen Leiter s dadurch inducirt wird, dass ein Magnet aus der Lage w, in die Lage $w_{,,}$ fortgeführt wird, den Ausdruck

(15) $$J = \varepsilon\varepsilon' S_z (K' - K'') D\omega ,$$

wo K' und K'' die Werthe von K in der Lage w' und w'' bedeuten.

Bewegt sich ein ungeschlossener Leiter in einer geschlossenen Bahn, so wird der in ihm von dem Magneten inducirte Strom durch dieselbe Formel [74] (15) ausgedrückt; es bedeuten dann aber K' und K'' die auf $D\omega$ bezogenen Kegelöffnungen der zwei geschlossenen Curven, auf welchen die Endpunkte des Leiters fortgeführt werden.

Die Formel

(15.a) $$J = -\varepsilon\varepsilon' S_z K D\omega$$

giebt den allgemeinsten Ausdruck für den in der Bewegung eines Leiters durch einen Magnet inducirten Strom, wenn durch K die auf $D\omega$ bezogene Kegelöffnung der Peripherie des Curvenvierecks bezeichnet wird, welches die von dem Leiter beschriebene Oberfläche begrenzt. Dieselben Formeln drücken auch den inducirten Strom aus, wenn statt des Leiters der Magnet in entgegengesetzter Richtung bewegt wird.

Hat der Magnet, ohne seinen Ort zu verändern, eine Aenderung in der Vertheilung seiner magnetischen Flüssigkeit erfahren, so dass sich die Quantität freier Flüssigkeit in $D\omega$ von $\varkappa' D\omega$ in $\varkappa'' D\omega$ verwandelt hat, so ist nach (4) § 9 der dadurch in s inducirte Strom

(16) $$J^{(\mu)} = \varepsilon\varepsilon' S(\varkappa' - \varkappa'') K D\omega .$$

Ist der durch $\varkappa$ bezeichnete Zustand des Magneten aus dem neutralen Zustand hervorgegangen, so wird der durch die Hervorrufung dieses magnetischen Zustandes $\varkappa$ inducirte Strom

(17) $$J_{,}^{(\mu)} = -\varepsilon\varepsilon' S_\varkappa K D\omega .$$

Die oben gegebene Definition von K als Kegelöffnung einer Curve s in Bezug auf einen Pol oder Punkt lässt noch unbestimmt, welches der beiden Stücke, die der aus dem Pol als Spitze durch die Curve s gelegte Kegel aus einer um den Pol mit dem Halbmesser 1 beschriebenen Kugel herausschneidet, jedesmal für K zu nehmen sei. Es bedarf deshalb, und auch wegen des Vorzeichens, welches dem Kugelflächenstück zu geben ist, noch einer nähern Discussion Leitend in dieser Discussion ist die Bemerkung, dass K durch eine Integration entweder in Bezug auf den Weg, auf welchem der Pol sich bewegt hat, oder in Bezug auf die Axe eines Solenoids, oder endlich in Bezug auf die Oberfläche eines Magneten entstanden ist, und dass deshalb der Werth, welchen K an einem Orte $w_{\prime\prime}$ besitzt, auf eine stetige Art aus dem Werthe, welchen K an einem anderen Orte w, besass, hervorgegangen ist. Wir werden hierbei zu dem merkwürdigen Resultat gelangen, dass der Werth von K, d. i. des Potentials eines Pols in Bezug auf den geschlossenen [75] Strom s, im Allgemeinen zwar durch die relative Lage des Pols in Bezug auf s bestimmt ist, in besondern Fällen aber auch von dem Wege abhängt, auf welchem er in diese Lage von einem andern Orte her gelangt ist.

Ich werde das zu discutirende Integral

$$K = \mathsf{S}\left(1 - \frac{z-\zeta}{r}\right)\frac{(y-\eta)Dx - (x-\xi)Dy}{(x-\xi)^2 + (y-\eta)^2}$$

durch

(18) $$K = \mathsf{S}(1 - \cos\vartheta)\delta\varphi$$

ausdrücken, wo ϑ den Winkel bedeutet, unter welchem r, d. i. die vom Pole (ξ, η, ζ) nach dem Elemente Ds gezogene Linie, gegen z geneigt ist, und φ den Winkel, welchen die durch r parallel mit z gelegte Ebene mit einer andern durch z gelegten festen Ebene bildet. Dies Integral ist auf alle Elemente von s auszudehnen. Ich werde der leichtern Darstellung wegen annehmen, dass die Curve s eben sei und von keiner Ebene öfter als zweimal geschnitten werden kann; die Erweiterung auf die Fälle, wo s doppelter Krümmung ist, oder öfter als zweimal von einer Ebene geschnitten werden kann, ergiebt sich leicht.

Wenn die durch den Pol gelegte z Axe die Ebene von s innerhalb s trifft, sind in (18) die Grenzen der Integration 0 und 2π. Bezeichnet man durch ϑ und ϑ' die zu φ und $180 + \varphi$ gehörigen Werthe von ϑ, so kann man in diesem Falle setzen

(19) $$K = \mathsf{S}_0^\pi \{2 - \cos\vartheta - \cos\vartheta'\}\delta\varphi .$$

Trifft hingegen die durch den Pol gelegte z Axe die Ebene von s ausserhalb s, und bezeichnet man die beiden zu demselben φ gehörigen Werthe von ϑ durch ϑ und ϑ', so ist

(20) $$K = S_{\varphi_{\prime}}^{\varphi_{\prime\prime}} \{\cos \vartheta - \cos \vartheta'\} \delta \varphi ,$$
wo $\varphi_{\prime}$ und $\varphi_{\prime\prime}$ die Werthe von φ sind, für welche $\vartheta = \vartheta'$.

Die positive Seite der Ebene von s werde ich diejenige nennen, für welche $z - \zeta$ und also auch $\cos \vartheta$ positiv ist, die negative dagegen, auf welcher $\cos \vartheta$ einen negativen Werth hat. Durch (K) werde ich das kleinere Stück bezeichnen, welches von der um den Pol (ξ, η, ζ) mit dem Radius 1 beschriebenen Kugelfläche von einem aus dem Pol durch die Curve s gelegten Kegel ausgeschnitten wird. Dieses (K) werde ich die spitze Kegelöffnung der Curve nennen.

[76] Wenn der Pol in der Ebene von s und innerhalb s liegt, so ist $\cos \vartheta = -\cos \vartheta'$, und demnach zufolge (19) $K = 2\pi$; liegt der Pol in der Ebene von s ausserhalb s, so ist $\cos \vartheta = \cos \vartheta'$, und nach (20) also $K = 0$. Es sei nun $w_{\prime}$ ein Punkt auf der positiven, $w_{\prime\prime}$ auf der negativen Seite der Ebene von s; die zu $w_{\prime}$ und $w_{\prime\prime}$ gehörigen Werthe von K und (K) seien K', (K') und K'', (K''). Geht man von $w_{\prime}$ nach $w_{\prime\prime}$ ausserhalb s, so geht der Werth von $K' = (K')$ durch Null in $K'' = -(K'')$ über; wird aber, indem man von $w_{\prime}$ nach $w_{\prime\prime}$ geht, die Ebene von s innerhalb s geschnitten, so geht $K' = (K')$ durch 2π in $K'' = 4\pi - (K'')$ über. Geht man umgekehrt von $w_{\prime\prime}$ nach $w_{\prime}$ ausserhalb s, so geht $K'' = -(K'')$ durch Null in $K' = +(K')$ über; geschieht der Durchgang durch die Ebene von s innerhalb s, so geht $K'' = -(K'')$ durch -2π in $K' = -4\pi + (K')$ über. Es ist also der Werth von K in einem Punkte $w_{\prime}$ auf der positiven Seite der Ebene von s durch $+(K')$, und in einem Punkte $w_{\prime\prime}$ auf der negativen Seite durch $-(K'')$ gegeben; man muss aber zu $+(K')$ noch -4π hinzufügen, wenn man nach $w_{\prime}$ von der negativen Seite her gelangt ist, und zwar so, dass die Ebene von s innerhalb s geschnitten wurde; und zu $-(K'')$ ist noch $+4\pi$ hinzuzufügen, wenn man nach $w_{\prime\prime}$ von einem Punkte auf der positiven Seite her gelangt ist, indem man die Ebene von s innerhalb s schneidet. Nach dieser Regel ist es leicht, die Veränderungen zu verfolgen, welche K erfährt, wenn man sich von einem beliebig gelegenen Punkte $w_{\prime}$ nach einem andern $w_{\prime\prime}$ auf einer Bahn bewegt, welche die Ebene von s mehreremal schneidet. Es werde diese Ebene von der Bahn $w_{\prime} w_{\prime\prime}$ innerhalb s eine Anzahl p mal von der positiven, und n mal von der negativen Seite her geschnitten, so ist, wenn die Werthe von K und (K) in $w_{\prime}$ durch K' und (K'), und in $w_{\prime\prime}$ durch K'' und (K'') bezeichnet werden,

(21)
$$K' = \pm (K'),$$
$$K'' = \pm (K'') + 4p\pi - 4n\pi,$$

wo das positive oder negative Vorzeichen zu nehmen ist, je nachdem der Punkt, auf welchen sich die Gleichung bezieht, auf der positiven oder negativen Seite liegt. Substituiren wir diese Werthe in die Gleichung (15), so wird der Strom, welcher in s durch die Bewegung eines Pols von w, nach $w_{\prime\prime}$ inducirt worden ist,

(22) $\quad J = \varepsilon\varepsilon' \varkappa \{\pm (K') \mp (K'') + 4(n-p)\pi\}$.

[77] Ist der Pol zu dem Punkte zurückgekehrt, von welchem er ausging, so ist $(K'') = (K')$ und also

(23) $\quad J = 4(n-p)\pi\varepsilon\varepsilon'\varkappa.$

Diese Gleichung giebt den Satz:

Wenn sich ein Magnetpol in einer geschlossenen Bahn bewegt hat, so ist die Summe der dadurch in einem geschlossenen Leiter s inducirten elektromotorischen Kräfte gleich Null, es sei denn, dass die Bahn des Pols die Ebene von s innerhalb s geschnitten hat. So oft die Bahn diese Ebene innerhalb s von der positiven Seite her geschnitten hat, so oft ist eine elektromotorische Kraft vom Werthe $-4\pi\varepsilon\varkappa$, und bei jedem Durchschnitt von der negativen Seite her eine elektromotorische Kraft $+4\pi\varepsilon\varkappa$ inducirt worden.

Dieser Satz ist leicht auf den Fall zu übertragen, wo der Pol ruht und der geschlossene Leiter bewegt wird; die Formeln (22) und (23) bestimmen auch in diesem Falle den inducirten Strom.

§ 13.

Um den Nutzen, welchen die Formeln des vorhergehenden § gewähren, deutlicher hervortreten zu lassen, werde ich dieselben auf einige einfache specielle Fälle anwenden.

I.

Zuerst will ich die Ströme, welche durch den Erdmagnetismus in bewegten geschlossenen Leitern inducirt werden, unter der Voraussetzung bestimmen, dass die Leiter und ihre Bahnen von solchen Dimensionen sind, dass die Wirkung des Erdmagnetismus auf ein Element des Leiters unabhängig von seinem Orte ist und nur von seiner Richtung abhängt. Die Induction findet dann also nur in Folge der Drehung des Leiters statt. Die Wirkung, welche der Erdmagnetismus auf den Leiter s ausübt, kann durch die eines magnetischen Pols P ersetzt werden, welcher in der Richtung der Inclination in der Entfernung r liegt, wo r im Verhältniss zu den Dimensionen von s sehr gross ist. Statt des Potentials des Erdmagnetismus in Bezug auf den Leiter s kann demnach das Potential des Pols P gesetzt werden, welches, wenn $\varkappa$ die freie magnetische Flüssigkeit in P bezeichnet, nach (12) [**78**] des vorigen § $\varkappa K$ ist, die Intensität des Stroms in s gleich 1 gesetzt. Wird der Leiter s aus der Lage w, in die Lage $w_{,,}$ geführt, und bezeichnet man die diesen Lagen angehörigen Werthe von K durch K' und K'', so ist der durch diese Bewegung inducirte Strom

(1) $\qquad J = \varepsilon \varepsilon' \varkappa (K' - K'')$.

Da der Pol P bei der Drehung des Leiters s dessen Ebene immer ausserhalb s schneidet, so wird K hier immer durch die spitze Kegelöffnung (K) ausgedrückt, welcher das positive oder negative Vorzeichen gegeben werden muss, je nachdem sich der Pol diesseits oder jenseits der Ebene von s befindet. Wegen des grossen Werthes von r ist die spitze Kegelöffnung gleich dem durch r^2 dividirten ebenen Inhalt des Leiters, multiplicirt mit dem Cosinus des Winkels, unter welchem ihre Normale gegen r geneigt ist. Dieser Winkel heisse ν, und der vom Strom umkreiste ebene Raum werde durch F bezeichnet, so ist $K = (K) = \frac{F}{r^2} \cos \nu$. Demnach verwandelt sich (1) in

(2) $\qquad J = \varepsilon \varepsilon' \frac{\varkappa F}{r^2} (\cos \nu' - \cos \nu'')$.

Hier ist $\frac{\varkappa}{r^2}$ die Intensität des Erdmagnetismus an dem Beobachtungsort, welche ich durch M bezeichnen werde. Die Leiterebene werde um eine Axe gedreht, gegen welche sie unter $90^0 - c$ geneigt ist, und diese Drehungsaxe bilde mit r den Winkel (a, r). Den Drehungswinkel bezeichne ich mit φ und wähle seinen Anfang so, dass $\varphi = 0$, wenn sich die Normale auf der Leiterebene in der durch die Drehungsaxe und r gelegten Ebene befindet. Alsdann ist

$$\cos \nu = \cos (a, r) \cos c + \sin (a, r) \sin c \cos \varphi ,$$

und also, wenn der Leiter aus der Lage φ' in die Lage φ'' gedreht worden, der dadurch inducirte Strom

(3) $\qquad J = \varepsilon\varepsilon' MF \sin(a,r) \sin c \{\cos\varphi' - \cos\varphi''\}$.

Der Integralstrom einer geschlossenen Bahn, auf welcher sich ein geschlossener Leiter unter dem Einfluss eines Magneten bewegt hat, ist immer gleich Null; seine Wirkung, wenn sie in einem kurzen Zeitintervall stattfindet, kann deshalb nur unter Anwendung des Commutators beobachtet werden, und dieser muss die Richtung des Stroms in die entgegengesetzte jedesmal da umsetzen, wo der Differentialstrom sein Vorzeichen ändert. Dies [**79**] findet, wenn die Bahn eine stetige ist, da statt, wo der Integralstrom eines unbestimmten Stücks der Bahn ein Maximum oder Minimum ist. — Der vorstehende Ausdruck des Stroms verschwindet für eine ganze Umdrehung, d. h. wenn $\varphi' = \varphi''$; behufs der Beobachtung muss seine Richtung mittels des Commutators bei den Stellungen des Leiters umgesetzt werden, für welche $\varphi = 0$, $\varphi = 180$ etc., d. i. wenn die Normale auf ihm mit r und der Drehungsaxe in einer Ebene liegt. Wird der Commutator auf diese Weise angewandt, so giebt jede halbe Umdrehung einen Strom

(4) $\qquad J = 2\varepsilon\varepsilon' MF \sin(a,r) \sin c$.

Die Drehungsaxe sei parallel mit der Ebene des Leiters, d. i. $c = 90^{\circ}$; sie stehe horizontal und sei einmal senkrecht zum Meridian und dann parallel mit ihm. Im ersten Falle ist $\sin(a,r) = 1$ und der Strom der halben Umdrehung

(5) $\qquad 2\varepsilon\varepsilon' MF$.

Im zweiten Falle ist $\sin(a,r) = \sin j$, wenn j die magnetische Inclination an dem Beobachtungsort bedeutet, und der Strom der halben Umdrehung

(6) $\qquad 2\varepsilon\varepsilon' MF \sin j$.

Steht die Drehungsaxe vertikal, so ist der Strom jeder halben Umdrehung

(7) $\qquad 2\varepsilon\varepsilon' MF \cos j$.

Man vergleiche hiemit *Weber*'s Abhandlung über das Inductionsinclinatorium.

II.

Die Anwendung der Formeln (14) bis (17) des vorigen § setzt die Kenntniss von z als Function der Stelle der Oberfläche des

Magneten voraus. Diese Kenntniss ist in den meisten Fällen nur angenähert zu erlangen. Ich werde in dieser Hinsicht die beiden Voraussetzungen machen, welche in vielen Fällen als angenähert richtig betrachtet werden dürfen, dass der Magnet von cylindrischer oder prismatischer Form sei und die beiden magnetischen Flüssigkeiten gleichförmig über seine Grundflächen verbreitet seien, während die Seitenflächen davon frei sind. Die Dimensionen der Grundflächen seien im Verhältniss zu ihren Entfernungen von dem Leiter so klein, dass die Werthe der zu den einzelnen Elementen df derselben Grundfläche gehörigen K als gleich angesehen werden können. Durch K_o werde ich den den [80] Elementen der oberen Grundfläche o, durch K_u den den Elementen der untern u gemeinschaftlichen Werth von K bezeichnen, und die Grösse der Grundflächen durch f.

Es soll der Strom bestimmt werden, welcher durch die Erregung des magnetischen Zustandes $\varkappa$ dieses Magneten in einem kreisförmigen Leiter vom Halbmesser R inducirt wird, dessen Ebene auf der Axe des Magneten senkrecht steht und dessen Mittelpunkt in dieser Axe liegt. Die Formel (17) des vorigen § giebt

(8) $\qquad J = -\varepsilon\varepsilon' \mathbf{S} \varkappa K df = -\varepsilon\varepsilon' \varkappa f \{K_o - K_u\}$.

Um K durch (K) auszudrücken, muss man die drei Fälle unterscheiden, in denen 1) beide Grundflächen des Magneten diesseits der Leiterebene, 2) die Leiterebene zwischen beiden Grundflächen, 3) beide Grundflächen jenseits der Leiterebene liegen. Der Werth von $K_o - K_u$ wird in diesen drei Fällen respective

$$(K_o) - (K_u) \; , \quad 4\pi - (K_o) - (K_u) \; , \quad -(K_o) + (K_u) \; .$$

Diese drei Ausdrücke reduciren sich auf denselben analytischen Ausdruck. Ich nenne h die Höhe des Magneten, d. i. die Entfernung ou, und x die Entfernung der Leiterebene von o, welche ich positiv nehme, wenn der Mittelpunkt des Leiters in der Verlängerung von uo über o hinaus liegt: alsdann ist für alle Lagen der Leiterebene

(9) $\qquad K_o - K_u = 2\pi \left\{ \dfrac{h+x}{\sqrt{(h+x)^2 + R^2}} - \dfrac{x}{\sqrt{x^2 + R^2}} \right\}$.

und der durch den Act der Magnetisirung inducirte Strom

(10) $\qquad J = -2\pi\varepsilon\varepsilon' \varkappa f \left\{ \dfrac{h+x}{\sqrt{(h+x)^2 + R^2}} - \dfrac{x}{\sqrt{x^2 + R^2}} \right\}$.

Dieser Strom wird ein Maximum, wenn $x = -\frac{1}{2}h$, d. h. wenn der Leiter sich zwischen den Polen des Magneten von beiden gleichweit entfernt befindet. Der grösste Werth des Inductionsstroms wird daher

$$(11) \quad J_{(m)} = - \frac{4\pi\varepsilon\varepsilon' \varkappa f}{\sqrt{1 + \left(\frac{2R}{h}\right)^2}},$$

während derselbe, wenn die Leiterebene durch den oberen Pol geht, den Werth $-\dfrac{2\pi\varepsilon\varepsilon' \varkappa f}{\sqrt{1 + \left(\frac{R}{h}\right)^2}}$ hat, also wenn $\dfrac{R}{h}$ eine kleine Grösse ist, nur nahe halb so gross ist.

[81] Wir wollen jetzt annehmen, der Magnet befinde sich in einer Spirale von N Windungen und von der Länge L; die Axe des Magneten falle mit der Axe der Spirale zusammen, und für die Enden der Spirale sei $x = -a$ und $x = -(a+L)$. Da auf der Länge L sich N Windungen befinden, dürfen wir uns denken, dass auf ∂x sich $\dfrac{N\partial x}{L}$ Windungen befinden. Wir haben also den Ausdruck (10) mit $\dfrac{N\partial x}{L}$ zu multipliciren und zwischen den Grenzen $x = -(a+L)$ und $x = -a$ zu integriren, um den in der Spirale inducirten Strom zu erhalten. Dies giebt

$$(12) \quad J_s = -2\pi\varepsilon\varepsilon' \varkappa f \frac{N}{L} \left\{ \begin{array}{l} \sqrt{(L+a)^2 + R^2} - \sqrt{(h-L-a)^2 + R^2} \\ -\sqrt{a^2 + R^2} \qquad + \sqrt{(h-a)^2 + R^2} \end{array} \right\}$$

Wenn die Spirale von beiden Enden des Magneten gleich weit entfernt ist, d. h. wenn $L + a = h - a$, so wird dieser Strom

$$(13) \quad J'_s = -4\pi\varepsilon\varepsilon' \varkappa f \frac{N}{L} \left\{ \sqrt{(h-a)^2 + R^2} - \sqrt{a^2 + R^2} \right\}.$$

Der Ausdruck in (12) verwandelt sich, wenn die Entfernung der Enden der Spirale von den Enden des Magneten im Verhältniss zum Durchmesser der Spirale gross ist, d. h. wenn $\dfrac{R}{a}$ und $\dfrac{R}{h-a-L}$ kleine Grössen sind, in

$$(14) \quad J_s = -4\pi\varepsilon\varepsilon' \varkappa f N,$$

d. h. wenn der Durchmesser der Spirale gegen ihre Entfernung von den Enden des Magneten klein ist, wird die in ihr durch den Act der Magnetisirung inducirte elektromotorische Kraft der Anzahl ihrer

Windungen proportional und von ihrem Durchmesser und ihrer Stelle auf dem Magneten unabhängig.

Wenn man in (12) $a = 0$ und $L = h$ setzt, d. h. wenn der ganze Magnet von Windungen bedeckt wird, so verwandelt sich der vorige Ausdruck in

$$(15) \quad J_s = -4\pi\varepsilon\varepsilon'\varkappa f N \left\{ \sqrt{1 + \left(\frac{R}{L}\right)^2} - \frac{R}{L} \right\},$$

so dass der eben ausgesprochene Satz auch in diesem Falle gilt, wenn nur $\frac{R}{L}$ eine kleine Grösse ist. Hier aber sowohl als in (14) müssen die Dimensionen von f im Verhältniss zu R klein sein. Man vergleiche die Untersuchungen von Lenz in Pogg. Ann. B. 34 und 47.

Es werde unter dem Einfluss eines Magneten von derselben Beschaffenheit wie der, auf welchen die vorstehende Betrachtung bezogen [82] wurde, ein geschlossener kreisförmiger Leiter aus der Lage w, in die Lage w geführt, so ist der durch diese Bewegung in ihm inducirte Strom nach (15) des vorigen §

$$J = -\varepsilon\varepsilon'\varkappa f \{K_o - K_u - (K'_o - K'_u)\},$$

wo sich K_o, K_u auf die Lage w, und K'_o, K'_u auf die Lage w, beziehen. Ist w, sehr weit von dem Magnet entfernt, so ist $K'_o = K'_u = 0$, und der inducirte Strom wird derselbe als in (8). Steht in der Lage w die Ebene des Leiters auf der Axe des Magneten senkrecht, und liegt sein Mittelpunkt in dieser Axe von den Grundflächen o und u um x und $x + h$ entfernt, so ist, wenn R wieder den Halbmesser des Leiters bedeutet, der inducirte Strom durch die Gleichung (10) gegeben. Dieser Strom ist also, wenn $x = -\frac{1}{2}h$, ein Maximum, welches durch (11) ausgedrückt wird. Wenn statt der einfachen Windung eine cylindrische Spirale von der Länge L mit N Windungen aus einer grossen Entfernung w, in die Lage w gebracht worden ist, in welcher sich die Spirale zwischen beiden Magnetpolen befindet, und ihre erste und letzte Windung vom oberen Ende o des Magneten respective um $-a$ und $-(a+L)$ entfernt ist, so wird der in der Spirale inducirte Strom durch (12) ausgedrückt. Auch gelten für die bewegte Spirale die Formeln (13), (14) und (15) unter den ihnen zum Grunde liegenden Bedingungen. Wenn daher eine Spirale aus grosser Entfernung gegen den Magnet geführt und demselben so aufgesteckt wird, dass ihre Axe mit der Magnetaxe zusammenfällt, und ihre Enden weit von den Magnetenden entfernt sind, so ist die in der Spirale inducirte elektromotorische Kraft der Anzahl ihrer Windungen proportional und von ihrem Durchmesser und ihrer Stelle unabhängig. Derselbe Satz gilt auch, wenn die Spirale den Magnet ganz bedeckt, unter der Bedingung, dass ihr Durchmesser im Verhältniss zu den Querdimensionen des Magneten gross, und im Verhältniss zu seiner Länge klein ist.

Es bezeichne $w_{\prime\prime}$ die Mitte der Axe des Magneten, und $w_{\prime}$ einen in der Verlängerung der Axe ausserhalb des Magneten liegenden Punkt. Zwischen $w_{\prime}$ und $w_{\prime\prime}$ werde der Mittelpunkt des kreisförmigen Leiters vom Halbmesser R hin und hergeführt, während seine Ebene auf der Magnetaxe senkrecht bleibt: es ist der durch diese Bewegung inducirte Strom zu bestimmen. Soll der Integralstrom mehrerer Hin- und Hergänge beobachtet werden, so [83] muss jedesmal in $w_{\prime}$ und $w_{\prime\prime}$ die Richtung des Stroms mittels des Commutators umgesetzt werden, weil hier die Differentialströme ihre Richtung ändern. Auf dem Wege von $w_{\prime\prime}$ nach $w_{\prime}$ wird der Strom

$$J = - \varepsilon\varepsilon' \varkappa f \{K'_o - K'_u - (K''_o - K''_u)\}$$

inducirt, und demnach ist, wenn der Commutator auf die angegebene Weise angewandt wird, der durch n Hingänge und n Hergänge inducirte Strom

(16) $\quad J_n = - 2n \varepsilon\varepsilon' \varkappa f \{K'_o - K'_u - (K''_o - K''_u)\}$

Wenn in $w_{\prime}$ die Richtung des Stroms statt durch den Commutator dadurch umgesetzt wird, dass der Leiter um einen seiner Durchmesser um $180°$ gedreht wird, so kommt zu diesem Strom (16) noch der durch die Drehung inducirte hinzu. Der durch n solcher Drehungen inducirte Strom ist aber $2n\varepsilon\varepsilon' f \varkappa \{K'_o - K'_u\}$, und daher der durch die fortschreitende und drehende Bewegung inducirte Strom

$$J'_n = 2n \varepsilon\varepsilon' \varkappa f \{K''_o - K''_u\} \ .$$

Diese Anordnung hat also denselben Erfolg, als läge der Punkt $w_{\prime}$ unendlich weit von dem Magneten entfernt; auch bleibt der Erfolg derselbe, wenn sie auf eine Spirale ausgedehnt wird: es gelten demnach für diese Anordnung dieselben Folgerungen, wie vorher für den Fall, wenn $w_{\prime}$ unendlich weit entfernt ist. Man vergleiche *Weber*'s Abhandlung über den *Gauss*'schen Inductor, Resultate 1838.

III.

Derselbe Magnet, auf welchen sich die bisherige Betrachtung bezogen hat, sei in die Form eines Hufeisens gebogen, die Entfernung der beiden Pole o und u sei $2a$, die Mitte von ou werde mit m bezeichnet. In m befinde sich eine Drehungsaxe senkrecht auf ou, und mit ihr sei ein kreisförmiger Leiter vom Halbmesser R so verbunden, dass seine Ebene senkrecht auf dem von seinem Mittelpunkt auf die Axe gefällten Perpendikel stehe, dieses die Axe in m treffe, und der Leiter zwischen den Polen um diese Axe gedreht werden kann. Damit letzteres möglich sei, muss, wenn x die Entfernung der Leiterebene von der Drehungsaxe bezeichnet, $x^2 + R^2 < a^2$ sein. Den Drehungswinkel werde ich φ nennen und ihn von einer der Lagen der Leiterebene an rechnen, in welcher sie auf der Linie mo senkrecht stand. Der durch eine Drehung von $\varphi = 0$ bis $\varphi = \varphi$ inducirte Strom ist

$$J = -\varepsilon\varepsilon'\varkappa f\{K_o - K_u - (K'_o - K'_u)\},$$

[84] wo K'_o, K'_u die zu $\varphi = 0$ gehörigen Werthe von K_o und K_u bedeuten. Die Maxima und Minima dieses Ausdrucks finden bei $\varphi = 180°$, $\varphi = 360°$ u. s. w. statt; an diesen Stellen muss, wenn der Strom bei fortgesetzter Drehung seine Richtung nicht ändern soll, der Commutator sie umsetzen; zwischen je zwei solchen Umsetzungen hat der Strom dieselbe Intensität, es bedarf also nur der Entwickelung seines Werths für die Werthe von φ zwischen 0 und 180°. Es beziehe sich demnach in dem vorstehenden Ausdruck K_o und K_u auf $\varphi = 180°$. Wir haben $K'_o = (K'_o)$, und da man von o nach u auf die andere Seite der Leiterebene längs dem Magneten ausserhalb des Leiters gelangt, $K'_u = -(K'_u)$. Ferner ist, da bei einer Drehung um 180° die Pole des Magneten die Leiterebene ausserhalb des Leiters schneiden, $K_o = -(K_o)$, $K_u = (K_u)$. Demnach wird der durch eine Drehung von $\varphi = 0$ bis $\varphi = 180°$ inducirte Strom

$$J = \varepsilon\varepsilon'\varkappa f\{(K_o) + (K_u) + (K'_o) + (K'_u)\}.$$

Nun ist

$$(K'_o) = (K_u) = 2\pi\left(1 - \frac{a-x}{\sqrt{(a-x)^2 + R^2}}\right),$$

$$(K'_u) = (K_o) = 2\pi\left(1 - \frac{a+x}{\sqrt{(a+x)^2 + R^2}}\right),$$

also

$$(17) \quad J = 4\pi\varepsilon\varepsilon' \varkappa f \left\{ 2 - \frac{a-x}{\sqrt{(a-x)^2+R^2}} - \frac{a+x}{\sqrt{(a+x)^2+R^2}} \right\}.$$

Hieraus ergeben sich die Formeln für die Fälle, wenn mehrere Windungen mit der Drehungsaxe verbunden sind, und für ihre vortheilhafteste Anordnung. Man vergleiche *Weber*'s Abhandlung über den Rotations-Inductor.

IV.

Es soll der Strom bestimmt werden, welcher in einer Anordnung wie in der *v. Ettinghausen*'schen Maschine durch die festen Magnetpole in einem Umgang der Spirale, welche über die Anker gelegt ist, in Folge ihrer Rotation inducirt wird. Der Magnet ist wie vorher hufeisenförmig gebogen, und in Bezug auf seine Endflächen o und u sollen dieselben Voraussetzungen wie oben gelten. Mit der durch die Mitte m der Linie $ou = 2a$ gehenden Drehungsaxe, die senkrecht auf ou steht, sei ein kreisförmiger Leiter vom Halbmesser R so verbunden, dass seine Ebene senkrecht auf der Drehungsaxe steht, und sein Mittelpunkt von derselben um a entfernt ist; die [85] Entfernung der Pole o und u von der Leiterebene sei x. Die Maxima oder Minima des Integralstroms treten ein, wenn sich der Mittelpunkt des Leiters in der kleinsten Entfernung von o oder u befindet; hier muss seine Richtung durch den Commutator umgesetzt werden. Der Inductionsstrom einer halben Umdrehung, in welcher der Mittelpunkt des Leiters aus seiner kleinsten Entfernung von o in die kleinste Entfernung von u fortgeführt wird, ist

$$J = -\varepsilon\varepsilon'\varkappa f \{ K_o - K_u - (K'_o - K'_u) \},$$

wo sich K'_o, K'_u und K_o, K_u auf diese zwei Lagen des Leiters beziehen. Es ist aber $K_o = K'_u$, $K_u = K'_o$, und da die Pole immer auf derselben Seite der Leiterebene bleiben, $K_o = (K_o)$, $K_u = (K_u)$. Hiernach wird der vorstehende Ausdruck

$$(18) \quad J = -2\varepsilon\varepsilon'\varkappa f \{(K_o) - (K_u)\}.$$

Hier ist $(K_u) = 2\pi \left(1 - \frac{x}{\sqrt{x^2+R^2}} \right)$ und für (K_o) kann man den angenäherten Werth $\frac{R^2 \pi x}{\{4a^2+x^2\}^{\frac{3}{2}}}$ setzen, so dass

$$(19) \quad J = -4\pi\varepsilon\varepsilon'\varkappa f \left\{ 1 - \frac{x}{\sqrt{x^2+R^2}} - \frac{\frac{1}{2}R^2 x}{\{4a^2+x^2\}^{\frac{3}{2}}} \right\}.$$

V.

In allen diesen Beispielen der Anwendung der Formeln des vorigen § bildet der inducirte Leiter eine geschlossene Curve. Ich werde mich jetzt mit einem Beispiel der Induction in einem ungeschlossenen Leiter beschäftigen. Der prismatische Magnet, auf welchen sich die obige Betrachtung bezog, in welchem die freien magnetischen Flüssigkeiten auf den Grundflächen o und u gleichförmig vertheilt gedacht werden können, rotire um seine Axe. Zwei kreisförmige Metallscheiben mit den Halbmessern R und R' seien mit der über o hinaus verlängerten Axe uo so verbunden, dass ihre Mittelpunkte a und a' in dieser verlängerten Axe liegen, und ihre Ebenen senkrecht darauf stehen. Die Scheiben stehen unter einander in einer leitenden Verbindung. Während der Magnet mit diesen beiden Scheiben rotirt, schleifen gegen ihre Ränder zwei Metallfedern, die unter einander durch einen Leitungsdraht verbunden sind, welcher den Multiplicator eingeschaltet enthält. Die Berührungspunkte der Scheiben und der Federn [86] sollen mit β und β' bezeichnet werden. Die Metallfedern mit ihrem verbindenden Schliessungsdraht bilden einen ungeschlossenen Leiter, in welchem durch die Rotation des Magneten ein Strom inducirt wird. Derselbe Strom würde auch inducirt werden, wenn der Magnet ruhte und die Metallfedern mit ihrem Schliessungsdraht in entgegengesetzter Richtung rotirten. Das Maass der inducirten elektromotorischen Kraft wird also das Potential des Magneten in Bezug auf die Peripherie der Oberfläche, welche der Leiter in dieser Bewegung beschreiben würde, diese Peripherie vom Strome ε durchströmt gedacht. Für jede ganze Umdrehung ist diese Oberfläche allein von den beiden Curven begrenzt, welche die Enden β und β' des ungeschlossenen Leiters beschreiben. Die durch eine ganze Umdrehung des Magneten inducirte elektromotorische Kraft ist demnach die Differenz der Werthe des Potentials des Magneten in Bezug auf diese beiden Curven, d. i. in Bezug auf die beiden mit den Halbmessern R und R' um a und a' beschriebenen, senkrecht auf uo stehenden Kreise. Der inducirte Strom ist also

$$J = -\varepsilon \varepsilon' \varkappa f \{K_o - K_u - (K'_o - K'_u)\} ,$$

wo die Grössen K' die Kegelöffnungen der Pole o und u in Bezug auf den Kreis R', die Grössen K dieselben in Bezug auf den Kreis R bedeuten. Es werde oa und oa' durch x und x'

bezeichnet, so wie ua und ua' durch $x+h$ und $x'+h$; liegt der Kreis R zwischen beiden Polen, so erhält x einen negativen Werth. Es ist hiernach

$$K_o = 2\pi\left(1 - \frac{x}{\sqrt{x^2 + R^2}}\right), \qquad K'_o = 2\pi\left(1 - \frac{x'}{\sqrt{x'^2 + R'^2}}\right),$$

$$K_u = 2\pi\left(1 - \frac{h+x}{\sqrt{(h+x)^2 + R^2}}\right), \qquad K'_u = 2\pi\left(1 - \frac{h+x'}{\sqrt{(h+x')^2 + R'^2}}\right).$$

wodurch sich der vorstehende Ausdruck des Stroms in

$$(20) \quad J = 2\pi\varepsilon\varepsilon'\varkappa f\left\{\frac{x}{\sqrt{x^2 + R^2}} - \frac{h+x}{\sqrt{(h+x)^2 + R^2}} - \frac{x'}{\sqrt{x'^2 + R'^2}} + \frac{h+x'}{\sqrt{(h+x')^2 + R'^2}}\right\}$$

verwandelt. Setzen wir hierin $R' = 0$, um die Anordnung, welche in den *Weber*'schen Experimenten der unipolaren Induction stattfindet, zu erhalten, d. h. lassen wir β' in die Axe des Magneten fallen, so wird der Strom

$$(21) \quad J_0 = 2\pi\varepsilon\varepsilon'\varkappa f\left\{\frac{x}{\sqrt{x^2 + R^2}} - \frac{h+x}{\sqrt{(h+x)^2 + R^2}}\right\}.$$

In diesen Ausdrücken kann x sowohl positiv als negativ sein; in der *Weber*'schen Anordnung ist x negativ. Der günstigste Werth von x in (21) ist $-\tfrac{1}{2}h$; dieser giebt

$$J_0 = -\frac{4\pi\varepsilon\varepsilon'\varkappa f}{\sqrt{1 + \left(\frac{2R}{h}\right)^2}}.$$

Anmerkungen.

Die vorliegende *F. Neumann*'sche Theorie der elektrischen Induction stützt sich wesentlich auf das *Ampère*'sche Gesetz, und dürfte daher durch allerhand Bedenken, die im Laufe der letzten Decennien gegen das *Ampère*'sche Gesetz laut geworden sind, einigermaassen miterschüttert sein. Demgemäss mag es dem Herausgeber gestattet sein, auf das *Ampère*'sche Gesetz hier näher einzugehen, und die gegen dasselbe erhobenen Bedenken (die zum Theil ganz unberechtigter Natur sind) auf ihr richtiges Maass zurückzuführen, um in solcher Weise sowohl diesem Gesetze selber wie auch der darauf basirenden *F. Neumann*'schen Theorie der elektrischen Induction eine grössere Festigkeit und Zuverlässigkeit zu verleihen.

Ampère hat bekanntlich in seiner berühmten Abhandlung Théorie des Phénomènes électrodynamiques. Paris 1826.) das nach ihm benannte Gesetz aus gewissen Fundamentalversuchen abgeleitet, unter ziemlich genauer Beschreibung der dabei von ihm benutzten Instrumente. Mit Bezug hierauf ist später von *W. Weber* (Elektrodynamische Maassbestimmungen, Leipzig 1846, S. 217) dargelegt worden, dass man in jenen sogenannten Fundamentalversuchen keinen ausreichenden Beweis für das *Ampère*'sche Gesetz sehen dürfe, und dass ein solcher Beweis mittelst der von *Ampère* benutzten Instrumente überhaupt nicht zu erbringen sei.

Will man also von der in Rede stehenden *Ampère*'schen Abhandlung ein der Wahrheit entsprechendes Bild haben, so wird man die Ergebnisse jener sogenannten Fundamentalversuche nicht als experimentelle Thatsachen, sondern als Hypothesen zu bezeichnen haben. Man wird also zu sagen haben, dass *Ampère* das nach ihm benannte Gesetz aus gewissen **Hypothesen** abgeleitet habe. Diese Hypothesen sind folgende:

(1.) **Erste Hypothese**. — Die ponderomotorische Kraft R, welche ein Stromelement JDs auf ein anderes Stromelement $J_{\prime}Ds_{\prime}$ ausübt, ist proportional mit

$JJ, Ds\,Ds,$,

und geht daher z. B. in die ihr entgegengesetzte Kraft über, sobald man in einem der beiden Elemente die Stromrichtung umkehrt.

(2.) **Zweite Hypothese**. — Abgesehen vom Factor $JJ, Ds\,Ds,$ ist die Kraft R nur noch abhängig von der **relativen Lage der beiden Elemente zu einander**. Denkt man sich also z. B. von den drei Linien JDs, $J,Ds,$, R das Spiegelbild entworfen in Bezug auf irgend welche Ebene, und dieses Spiegelbild mit $JD\sigma$, $J,D\sigma,$, P bezeichnet, so wird, ebenso wie R die Wirkung von JDs auf $J,Ds,$ vorstellt, ebenso auch P die Wirkung von $JD\sigma$ auf $J,D\sigma,$ repräsentiren.

(3.) **Dritte Hypothese**. — Die Kraft R ist ersetzbar durch diejenigen Kräfte, welche die drei **Componenten** von JDs ausüben auf die drei **Componenten** von $J,Ds,$.

(4.) **Vierte Hypothese**. — Die Kraft R fällt ihrer Richtung nach zusammen mit der **Verbindungslinie** r der beiden Elemente JDs und $J,Ds,$.

(5.) **Fünfte Hypothese**. — Die Kraft R ist umgekehrt proportional mit dem Quadrat von r.

(6.) **Sechste Hypothese**. — Die ponderomotorische Wirkung eines **geschlossenen Stromes auf ein einzelnes Stromelement steht gegen letzteres senkrecht**.

Die Hypothesen (1.), (2.), (3.) haben ihrer Natur nach eine grosse innere Wahrscheinlichkeit. Auch sind dieselben durchweg von sämmtlichen Physikern adoptirt worden, ohne dass jemals der mindeste Zweifel gegen sie sich erhoben hätte; so dass sie kaum noch als Hypothesen zu bezeichnen sind. **Bedenklich** aber erscheinen die Hypothesen (4.), (5.). Und **ganz besonders zweifelhaft und in der Luft schwebend** erscheint die Hypothese (6.).

Von hier aus betrachtet, muss uns mit Nothwendigkeit ein grosses Misstrauen gegen das *Ampère*'sche Gesetz erfassen.

Eine einzige Bemerkung aber genügt, um die Dinge in ein wesentlich anderes Licht zu versetzen, nämlich die Bemerkung, dass die Hypothesen (5.) und (6.) **völlig überflüssig sind**. In der That kann man, **ohne** von diesen beiden Hypothesen (5.), (6.) Gebrauch zu machen, das *Ampère*'sche Gesetz **allein** aus den Hypothesen (1.), (2.), (3.), (4.) ableiten, falls man dabei nur noch mit in Rechnung bringt die allgemein anerkannte Thatsache der Ersetzbarkeit geschlossener elektrischer Ströme durch magnetische Flächen, d. h. die Vorstellung, dass die ponderomotorische Einwirkung zweier geschlossener Ströme aufeinander identisch sei mit der gegenseitigen Einwirkung zweier magnetischer Flächen, deren jede durch einen der beiden Ströme begrenzt ist.

Dass man nämlich aus dieser Thatsache der Ersetzbarkeit geschlossener elektrischer Ströme durch magnetische Flächen und aus den Hypothesen (1.), (2.), (3.), (4.) — unter vollständiger Fortlassung der Hypothesen (5.), (6.) — die Formel des *Ampère*'schen Gesetzes mit aller Strenge abzuleiten vermag, ist vom Herausgeber vor etwa zwölf Jahren dargelegt worden. [*C. Neumann*: Einige Notizen hinsichtlich der gegen die Gesetze von *Ampère* und *Weber* erhobenen Einwände, Leipzig bei Teubner, 1877. Vgl. auch die Math. Annalen, Bd. XI, S. 313].

Da nun, wie schon vorhin erwähnt, Niemand die Hypothesen (1.), (2.), (3.) zu bezweifeln wagen wird, so ist also die Hypothese (4.) als der einzige Punkt zu bezeichnen, von welchem aus das *Ampère*'sche Gesetz angreifbar erscheint. Ob nämlich diese Hypothese (4.) der Wahrheit entspreche, ob also die ponderomotorische Wirkung zweier Stromelemente aufeinander ihrer Richtung nach mit der Verbindungslinie der beiden Elemente wirklich zusammenfalle, — darüber kann man in der That verschiedener Ansicht sein.

Bemerkung zu Seite 18 und 19. Die zur Zeit t im Element Ds vorhandene **elektrische Spannung** u wird hier aufgefasst als die augenblickliche **Dichtigkeit** der in dem Element vorhandenen elektrischen Materie. Man vergl. *F. Neumann*'s Vorlesungen über elektrische Ströme, herausgegeben von *Von der Mühll*. Leipzig 1884, S. 45.

Eine ganz andere Ansicht über die Natur der elektrischen Spannung ist von *Kirchhoff* im Jahre 1849 aufgestellt worden, in seinem Aufsatz: Ueber eine Ableitung der *Ohm*'schen Gesetze, welche sich der Theorie der Elektrostatik anschliesst. (Vergl. *Kirchhoff*'s Gesammelte Abhandlungen, S. 49). Daselbst wird nämlich von *Kirchhoff* die elektrische Spannung als identisch aufgefasst mit dem **elektrostatischen Potential**. An dieser Auffassung hat *Kirchhoff* auch in seinen spätern Arbeiten festgehalten. Auch ist dieselbe von vielen andern Physikern acceptirt worden, so z. B. von *W. Weber*.

Bemerkung zu Seite 20—22. Die Zunahme der lebendigen Kraft T eines materiellen Systems ist bekanntlich für jedes Zeitelement dt ebenso gross wie die Summe derjenigen Arbeiten, welche während dieser Zeit dt von allen auf das System einwirkenden ponderomotorischen Kräften verrichtet werden. Denkt man sich also den inducirten Leiter in Bewegung begriffen unter dem Einfluss der auf denselben von Seiten des inducirenden Stroms ausgeübten Kräfte, so gilt für den Zuwachs dT, den die lebendige Kraft T dieses Leiters während der Zeit dt erfährt, die Formel:

(α.) $$dT = \mathbf{S}\, CJDs\, dw \; .$$

Dabei bezeichnet dw das von irgend einem Element Ds des Leiters während der Zeit dt durchlaufene Wegelement. Ferner bezeichnet J die in dem Leiter (durch die Induction) entstandene Stromstärke, und $CJDs$ die nach der Richtung dw genommene Componente derjenigen ponderomotorischen Kraft, welche der inducirende Strom auf das Element JDs ausübt.

Bezeichnet nun v die augenblickliche Geschwindigkeit des Elements JDs, so ist $dw = v\,dt$; so dass also die Formel (α.) übergeht in:

(β.) $$dT = J \{\mathbf{S}\, Cv\, Ds\}\, dt \; .$$

Substituirt man hier für die inducirte Stromstärke J ihren in (f.) S. 20 angegebenen Werth:

$$J = -\,\varepsilon\varepsilon'\, \mathbf{S}\, Cv\, Ds \; ,$$

so erhält man:

(γ.) $$dT = -\,\varepsilon\varepsilon' \{\mathbf{S}\, Cv\, Ds\}^2\, dt \; ,$$

oder falls man nach der Zeit von $t = t_0$ bis $t = t_1$ integrirt:

(δ.) $$T_1 - T_0 = -\,\varepsilon\varepsilon' \int_{t_0}^{t_1} \{\mathbf{S}\, Cv\, Ds\}^2\, dt \; ,$$

oder was dasselbe ist:

(Δ.) $$T_0 - T_1 = +\,\varepsilon\varepsilon' \int_{t_0}^{t_1} \{\mathbf{S}\, Cv\, Ds\}^2\, dt \; .$$

Hier repräsentirt offenbar $T_0 - T_1$ die **Abnahme der lebendigen Kraft**, d. i. den effectiven **Verlust** an lebendiger Kraft, den der Leiter in Folge der Induction während des Zeitraumes t_0 bis t_1 erlitten hat.

Anmerkungen. 95

Diese Formel (A.) ist identisch mit der *F. Neumann*'schen Formel (4.*a*) Seite 22 [vgl. auch S. 5]; — abgesehen vom Factor 2. Dieser Unterschied kann vielleicht Folge eines Druckfehlers sein, vielleicht aber auch darin seinen Grund haben. dass in der *F. Neumann*'schen Abhandlung unter lebendiger Kraft nicht $\frac{1}{2} S m v^2$, sondern $S m v^2$ verstanden werden soll.

Bemerkung zu S. 47, 48. Der Uebergang von (13.) zu (14.), (15.), (16.) bedarf vielleicht einer kurzen Erläuterung.

Zu diesem Zwecke sind zunächst gewisse Formeln des § 5 zusammenzustellen. Substituirt man in (1) § 5 die Werthe (2) § 5, so folgt:

$$(\alpha.)\ J = - \varepsilon \varepsilon' \varkappa' \int_{w_0}^{w_1} S \frac{1}{r^3} \left\{ \begin{array}{l} ((z - \zeta_{,}) D y - (y - \eta_{,}) D z) d x \\ + \ldots \ldots \ldots \\ + \ldots \ldots \ldots \end{array} \right\}.$$

Dieses J ist nun in § 5 in zwei Theile zerlegt worden:

$$(\beta.)\qquad J = J_p + J_d.$$

Und zwar ist in (19.) § 5 für J_p der Werth gefunden worden:

$$(\gamma.)\ J_p = - \varepsilon \varepsilon' \varkappa' \int_{w_0}^{w_1} S \frac{1}{r^3} \left\{ \begin{array}{l} ((y_{,} - \eta) D z_{,} - (z_{,} - \zeta) D y_{,}) d \xi \\ + \ldots \ldots \ldots \\ + \ldots \ldots \ldots \end{array} \right\}.$$

Andererseits hat sich für J_d in (28.) (29.) § 5 der Ausdruck ergeben:

$$(\delta.)\ J_d = - \varepsilon \varepsilon' \varkappa' \int_{w_0}^{w_1} \left[\frac{r_{,} - \xi}{r} \cos l' + \frac{y_{,} - \eta}{r} \cos m' + \frac{z_{,} - \zeta}{r} \cos n' \right] d \psi.$$

Diesen Formeln (α.), (β.), (γ.), (δ.) parallel stehen jene hier zu besprechenden Formeln (13.), (14.), (15.), (16.). Man bemerkt nämlich, dass die rechte Seite von (α.) in die rechte Seite der Formel (13.) S. 47 übergeht, sobald man $\varkappa'$ in $-\varkappa D\omega$ verwandelt, und überdies noch das Summenzeichen Σ vorsetzt. Durch genau dieselbe Operation wird man daher auch (15.) aus γ. und (16.) aus (δ.) ableiten können. Und in solcher Weise gelangt man zu den auf S. 48 für $J_p^{(m)}$ und $J_d^{(m)}$ gegebenen Ausdrücken.

Dabei sei bemerkt, dass die auf S. 48 vorkommenden Winkel in der *F. Neumann*'schen Originalabhandlung nicht mit l', m', n', sondern mit λ, μ, ν bezeichnet sind. Diese Abänderung schien dem Herausgeber erforderlich, um die Formeln S. 48 mit den früheren Formeln S. 40 in besseren Einklang zu bringen.

Bemerkung zu Seite 51. 52. In der *F. Neumann*'schen Originalabhandlung sind auf diesen beiden Seiten die Buchstaben ξ, η, ζ in Lettern von zweierlei Form angewendet worden. Der Herausgeber hat sich erlaubt, diesen Unterschied durch Indices hervorzubringen, nämlich jene beiderlei Letterformen respective durch ξ_i, η_i, ζ_i und durch ξ_0, η_0, ζ_0 wiederzugeben.

Leipzig, December 1889.

C. Neumann.